ワードマップ

ゲノムと進化

ゲノムから立ち昇る生命

斎藤成也

新曜社

はじめに

ゲノムとは、現代生物学にとって、混沌とした現実の生命界という漆黒の闇夜を抜けだすのに必須の光明である。とはいえ、ゲノムは生命界をぼんやりと照らすにとどまっている。われわれが「現象の理解」という光を得るには、ゲノムはたかだか、かぼそいろうそくの芯にしかすぎない。しかし、芯があってこそ炎は燃え続けるのである。

ゲノムと生命現象をつなぐという行為には、生物学だけにとどまらず、人間が必死になって自分の周囲を理解しようとするときの基本的な枠組みが関係している。ゲノムの塩基配列という、デジタルであって把握しやすいところを橋頭堡とし、そこから遺伝子の機能や細胞という複雑な現象に迫り、さらには生物個体全体のふるまいや、生物集団全体のふるまいを知ろうというのである。ゲノムから離れるほど、生命現象は錯綜してゆく。生物が分子レベルまで複雑な構成をなしており、眼に見える個体が想像を絶する複雑さを擁していることを思えば、ゲノムのDNA配列とは、なんとたやすく記述できることか。ゲノム配列とは、詰まるところA、T、C、Gという4種類の文字の羅列にすぎないのだから。この単純性ゆえに、ある人はゲノムに魅了され、別の人はゲノムの情報をさげすむのである。

ゲノム配列を記述する論理は単純だが、実際のゲノムそのものには、その大きさからの論理的帰結である莫大な複雑性が存在する。長大なDNA分子を考えてみれば、その中に実現している特定の塩基配列の生じる確率が、途方もなく小さいことは明白である。これがゲノム配列の独自性である。A、T、C、Gという4種類の文字にある特定の並び方というゲノムの独自性を与えているのは、生物進化である。

ゲノムは、ある生物の持つ遺伝情報をすべて含んでいる。このことは、ゲノムの研究をこれまでの遺伝学の研究と際だたせている違いである。DNAの塩基配列を基礎とするゲノム学が誕生してからまだ日が浅いので、ゲノム全体の比較法は開発途上であり、本書では十分触れることはできなかったが、ゲノム情報を礎とした生物学の研究は、今後ますます発展してゆくだろう。

今後のゲノム研究、ひいては生物学全体の研究のかなめは、「進化」であることを、筆者は確信している。本書は、ゲノムとその進化を扱ったものだ。両者の密接な結びつきへの認識が少しでも深まれば、幸いである。

ゲノムと進化—目次

装幀＝加藤光太郎

第１章　生命とはなんだろうか

生命と非生命を分かつのは簡単ではない。なぜなら生命は非生命から化学進化によって生じてきたからだ。このとき、中心的な役割を果たしたと考えられている自己複製機能の誕生を中心に、この章では生命とは何かを論じる。また、人間が生命を含む自然界全体を把握し認識するときの構造を、モノとコトという対比を通じて、さらにはシミュレーション、クオリアという概念を使って考察する。本書の中心である「ゲノム」はあまりこの章では顔を出さないが、実際には自己複製を生じ、ついには自意識まで生じるシステムの背後にゲノムが控えているのである。

自己複製——森羅万象の中に浮かび上がる生命

生命という結晶

　これはいったいなんだろう。その不気味なかたまりを見たとき、私は一瞬人工的に作られたもののように感じた。それは、家族連れで小田原にある「生命の星・地球博物館」へ見学に出かけたときに見つけた展示物のひとつだった。なんのことはない、黄鉄鉱の結晶である。一辺が数センチメートル程度の立方体が、不定形の岩石の中にいくつも埋め込まれているように見える。まぎれもなく自然にできあがった造形であるのに、彫刻家が岩石をていねいに削って作ったように見えた。

　結晶というのは不思議なものだ。原子と原子のあいだの規則的な位置関係が繰り返されることによって、巨視的な構造になる。本書の主題である**ゲノム**の物質的本体は核酸[1]である。大部分の生物のゲノムは、デオキシリボ核酸（DNAと略す）からできているが、これは一種の結晶とみなすことができる。実際、ケンブリッジ大学でジェームズ・ワトソン[2]とフランシス・クリック[3]がDNAの二重らせん構造を提唱したときに用いたのは、ロンドン大学で研究していたモーリス・ウィルキンス[4]やロザリンド・

[1] **核酸**　細胞の核から発見された酸。DNA（デオキシリボ核酸）とRNA（リボ核酸）の二種類がある。糖、リン酸、塩基の三種類の分子から構成されるヌクレオチドが連なった構造をとる。

[2] **ジェームズ・ワトソン**　一九二八〜。米国出身。鳥類の行動を研究した後、分子遺伝学に転じ、英国でフランシス・クリックと共同研究を行ない、DNAが二重らせん構造をしていることを突き止めた。その後米国にもどり、ハーバード大学教授、コールドスプリングハーバー研究所所長、米国国立ヒトゲノム研究所所長などを歴任した。

[3] **フランシス・クリック**　一九一六〜。英国出身。物理学を学び、ケンブリッジ大学でX線回折分析を行っているあいだに、ジェームズ・ワトソンと共同研究を行ない、DNAが二重

フランクリン[5]が調べていたDNAの結晶パターンなのである。

生命を構成するもうひとつの重要な物質であるタンパク質も、結晶にすることができる。ただし、結晶になるのはきわめて特別な場合であり、生物のなかで働いているタンパク質が結晶となっているわけではない。ところが、これら多数のタンパク質やDNAを含む生命体になると、ある意味で結晶的な性質が出てくるのだ。海中を回遊するおびただしいマイワシの群れ。春先に雑木林の林床をいろどる、うす紫のカタクリの花たち。ここには、マイワシやカタクリというきわめて複雑な構造を持つ似たようなものが多数存在している。連想の飛躍を許していただけるのなら、これらも非常に複雑で錯綜としているが、一種の結晶体と考えられないわけではない。

こんなふうに、互いによく似かよった複雑な構造体が多数存在するということが、ほかにあるだろうか。ある。道路に立って見れば、次から次へと自動車がとおりすぎる。彼らは十分複雑であり、しかもお互いに似かよっているではないか。自動車が生命と似たところがある。そんな馬鹿なという人が多いだろうが、多数の部品から組み立てられる工業製品には、生命と通じるところが確かにあるのだ。

設計図と大量生産

工業製品を支えているのは、設計図と大量生産である。設計図によって厳密な作成方法が決められており、そこから寸分違わぬ複雑な製品が大量生産される。これはま

らせん構造をしていることを突き止めた。その後遺伝暗号の発見にも重要な貢献をした。米国に移った後、脳神経系の研究に転じ、特に視覚認知の研究を進めた。

[4] **モーリス・ウィルキンス** 一九一六〜。英国出身。ロンドンのキングス・カレッジでDNAのX線回折分析をロザリンド・フランクリンと進めていたが、彼らのデータを解析したワトソンとクリックに、DNAの二重らせん構造という最大の成果をさらわれてしまった。

[5] **ロザリンド・フランクリン** 一九二〇〜一九五八。英国出身。モーリス・ウィルキンスとともにDNAのX線回折分析研究を行なったが、ある意味でワトソンとクリックに自分たちのデータを盗まれてしまった。三八歳の若さで亡くなった。

さに、生命の行なっていることではないか！　ゲノムという設計図があり、物質交代という細胞レベルの工場によって、きわめて複雑ではあるが、多数の生命体が生産されてゆく。生命と工業製品のあいだに、どうしてこのような明確な類似性があるのだろうか。機械を作る人間もしょせんは生命だからだろうか。工業製品を作るときにも、無意識のうちに生命の営みをまねしているのだろうか。

われわれは自然界の現象を「正しく」把握したいと思っている。しかし、把握する本体は当然ながら人間である。われわれ人間に理解できる論理を使わなければ、「わかった！」と感じることはできない。結晶にしても工業製品にしても、あるいは生命にしても、人間に理解できる方法でしか把握することはできない相談だ。この明確な限界を頭の隅に入れておく必要があるだろう。

ウイルスの自己複製

自己複製と物質交代（**代謝**）が生命の二大性質だとよく言われる。両者のなかでも、分子遺伝学の発展によって、遺伝子がその中心を担う「自己複製」がより生命の本質を表しているということになっている。ここでいう「自己」とは哲学的に複雑な概念ではない。もっと具体的な、細胞であったりウイルス粒子であったりする。ここでも、これら形態的にあるまとまりを持つ物質に「自己」というラベルを、ついつい貼ってしまうわれわれ人間の浅はかさが感じられるではないか。しかしこれが一般的な言い

［6］**RNAポリメラーゼ**　RNAの単位であるヌクレオチドをポリマー（単位分子をたくさんつなげた状態）化することにより、鎖状のRNA分子を合成する酵素。

［7］**リボゾーム**　RNAの塩基配列情報という遺伝暗号から、それに対応するアミノ酸配列を読みとって、タンパク質を合成する細胞内の装置。RNAとタンパク質の複合体である。

［8］**tRNA**　転移RNAのこと。tはtransferの略。タンパク質の構成要素であるアミノ酸をこの分子の片方に結合し、リボゾームに運んでゆくので、この名前が付けられた。七〇～九〇個ほどのヌクレオチドからなる。もう片方の部分に「アンチコドン」と呼ばれる三個のヌクレオチドからなる構造があり、リボゾーム上でここが伝令RNA（mRNA）と相補的に結び

方であるので、とりあえずあまり深く考えないで、考察を続けよう。

手始めに、ホスト（宿主）細胞の助けを借りなければ「自己」複製できないウイルスについて考えてみよう。図１・１は、A型インフルエンザウイルスの模式図である。大部分の生命がＤＮＡをゲノムの素材として使っているのに対して、このウイルスのゲノムはＲＮＡからなっている。しかも、八本の短いＲＮＡから構成されている。これらのＲＮＡに乗っている遺伝子の情報は、ヘマグルティニン二種類、ノイラミニダーゼ二種類、膜タンパク質二種類、ＲＮＡと結合するタンパク二種類、そしてＲＮＡポリメラーゼ[6]という八種類のタンパク質の設計図である。これらのタンパク質は、インフルエンザウイルスのゲノムを設計図として使うが、リボゾーム[7]、ｔＲＮＡ[8]、アミノ酸[9]といったタンパク質合成に必要なモノはすべて宿主（人間であったりニワトリであったりいろいろの生物）の細胞から供給される。ＲＮＡというモノは、細胞の中ではただそれだけのモノなので、それが本来の宿主ゲノム由来の遺伝情報を担ったものであろうと、ウイルス由来のものであろうと、タンパク質合成システムに放り込めば、ちゃんと働くのである。

とにかく、宿主のシステムのおかげでタンパク質を作る一方、ＲＮＡポリメラーゼによって、ウイルスのＲＮＡが複製される[10]。これらタンパク質とＲＮＡに、さらに宿主の脂質二重膜を借りてウイルスの膜とし、そこにヘマグ

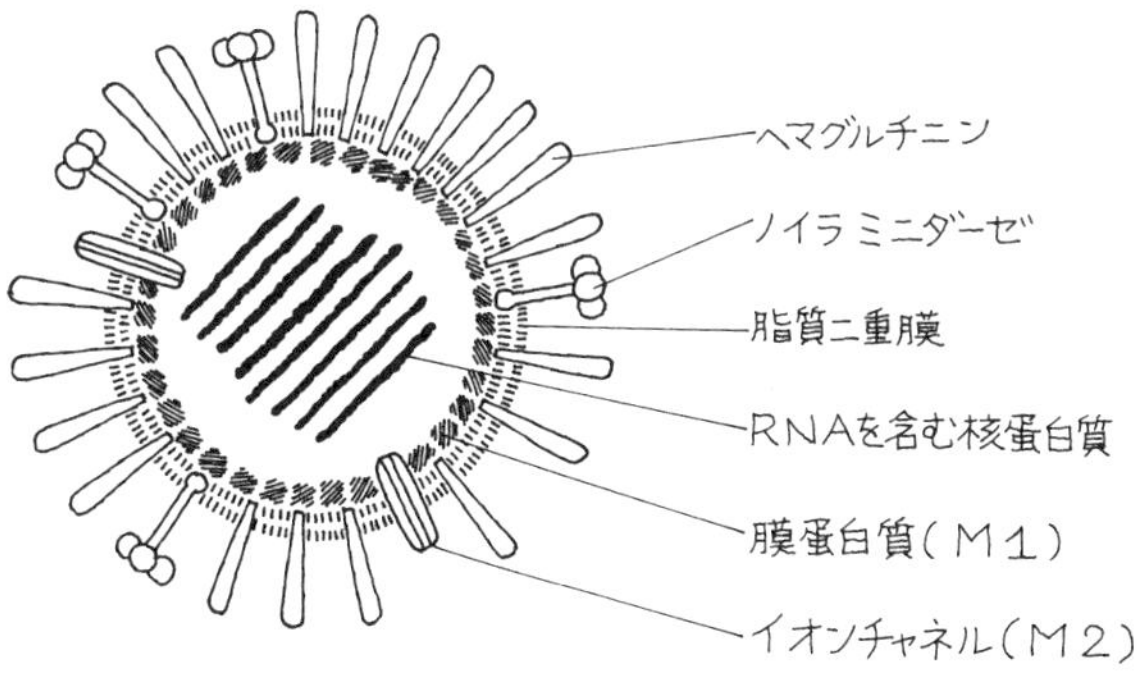

図１・１　A型インフルエンザウイルスの模式図

ついて、アミノ酸が一つずつｍＲＮＡの情報どおりにつながってゆく。

ルティニンとノイラミニダーゼが突き刺さる。また膜タンパク質は脂質二重膜の裏打ちをする。ＲＮＡとタンパク質の結合体がこのウイルス粒子の中に入り込み、これで完成である。ウイルス粒子が宿主細胞の中で多数生産されたあと、宿主から飛び出して行く。これら新しい世代のウイルスは新しい宿主細胞を見つけると、またそこにもぐりこんでウイルスを生産する。

ヒトや他の大型動物のあいだを行ったり来たりするために、ウイルスは別のタイプの生命体のように考えられることが多いが、ホストがいなければ生存できないことをとらえて、不完全な生命体だ、寄生するだけの能しかないという見方もできる。

ヒトの自己複製

では、ヒトはウイルスと違って、自己複製できるのだろうか。人間は男性と女性がいてはじめて子供が産まれるので、ウイルスやあるいは単細胞生物の細胞分裂のような意味での「自己複製」とは異なるが、両親とそっくりの子供が産まれるという意味では、自己複製しているといっていいだろう。ただし、受精から出産まで、母親の体内にいるので、ホストを必要とするウイルスとはもちろん違っている。

しかし、われわれ人間は他の生物の助けを必要とはせず、自分だけで生きて行けるのだろうか。理論的には可能であろう。生命維持に必要なすべての物質を用意しておけば、他の生物は食物として必要ない。いわば、究極の精進料理である。もちろん現

［9］**アミノ酸**　タンパク質の構成要素で、どの生物にも通常二〇種類存在する。炭素原子にアミノ基とカルボキシル基、および水素原子が結合した形がどのアミノ酸にも共通であり、残りの結合部分（残基あるいは残鎖）がそれぞれのアミノ酸の特徴を決める。たとえば残基の一番小さいグリシンは水素原子一個というぐあいである。

［10］**脂質二重膜**　親水性（水と相性がいい）と疎水性（水と相性が悪い）の両方の部分を持つ脂質分子が水溶液中で集まると、自然に疎水性の部分が互いにくっついて外側に親水性の部分を持つ二重の膜構造をとる。これが細胞膜を形成する基本構造である。

実はそうではない。多種多様な生き物が食べ物になり得る。食べたあとを考えてみよう。腸の中には多数のバクテリアが生息している。彼らは単なる寄生虫ではないだろう。第一、純粋な「寄生虫」と考えられていた回虫やギョウ虫にも、現在では人間への貢献が何かあるのではないかと考えられているのである。

火と結晶と連鎖反応

ここでひとつ問題となるのは、自己複製する「自己」とは何を指すのかということである。自己という言い方自体に、擬人的な要素が入っていることは否定できない。こう考えてゆくと、自己複製という現象も、物質交代の一側面ととらえることもできる。また、自己複製にはコト（情報）としての生命の側面が、物質交代にはモノ（物質）としての生命の側面が、それぞれより強く反映している。われわれは、このような人間の便宜的な分別になるべく惑わされることのないように自然現象を認識すべきである。

生命現象以外で自己複製するものがあるだろうか。「生命の火」という言葉があるように、火は昔から生命の比喩として使われている。いったん燃え上がった火は、燃焼する物、酸素、温度という三条件が整っている限り燃え続けるので、非生物界における自己複製類似の現象と言われることがある。炎のゆらめきには、何かわれわれの心をなごませるところがある。広い意味での「火」には、太陽の核融合も含まれるが、われわれがなれ親しんでいる現実の火は、おもしろいことに、紙や木、パラフィン、石油、石炭など、生物由来の物質を燃焼させたものだ。すると、結局のところ「火」もまた生命現象に立脚したものだと言えるかもしれない。

この章の最初でとりあげた、「結晶」はどうだろうか。立方体である食塩の結晶や炭素原子だけから構成されるダイヤモンドなど、自然界には周期的結晶が一般的のようだが、ＤＮＡは「非周期的結晶」とみなすことができる。しかし、通常の意味での結晶は静的であり、いったん形成されれば、自己複製を生じるわけではない。生命には、やはり動的な側面が不可欠であろう。

連鎖反応は、ある意味で自己複製のひとつである。非生命現象では、恒星の中の核融合反応や地球内部での核分裂反応が代表的なものである。連鎖反応をやさしく言い換えると「ねずみ算式」であるが、そのことからもわかるように、生物の増殖は連鎖反応的側面が確かにある。

ところが、存続してゆくことが生命の本質だとすると、連鎖反応は有限な資源をすぐに食いつぶしてしまうから、実は反生物的だとすら言えるのである。自己複製のこの側面を否定しうち消すことのできるメカニズムが、安定な系には必要なのである。このあたりを考えると、単一の論理や定義だけで「生命」をとらえることができないことがわかるだろう。

化学進化――生命の起源

生きとし生けるものの総体としての生命

ゲノムとは、次の章で詳しく説明するように、ある生物の持つ遺伝子の全体である。この全体性はどこに起源があるのだろうか。それは、生命の起源にまでさかのぼるはずである。現在地球上に存在するすべての生命は、共通の起源を持つと考えられている。そうであれば、きわめて多様な存在形態を持っているとはいえ、生きとし生けるものは、すべてある意味で一体である。種も、集団も、個体すらも便宜的な単位である。さらに、地球は太陽エネルギーの恩恵を受けているし、宇宙の他の天体や物質からもなんらかの影響を受けている。生命は物質的起源を持つのだから、その一体性は無生命ともつながってゆく。最終的に宇宙の起源であるビッグバンにつながるのであれば、この森羅万象すべてが一体なのである。ここまでくると汎神論[1]みたいになってしまいそうだが、このような認識は、自然界を把握するために必要であろう。

[1] 汎神論　宇宙の事物すべてが神性を持つという考え方。

生命の起源より前のこと

ＤＮＡ分子が自己複製を始めたことが、生命誕生の大きな転換点だった。しかし、その前の状態が当然あったはずである。ＤＮＡからＤＮＡが生まれるような自己複製が始まっていなかったときには、多種多様の分子が、めったやたらに生まれては消えていたのだろうか。

アレキサンドル・オパーリン[2]の提唱したコアセルベート[3]をはじめとして、生命の起源に関する研究ではしばしば細胞という生命の単位をくる**膜構造**が重要だと考えられているようだ。でも最初は膜なぞなかっただろう。この場合、膜のような囲い込み構造がなくても、核酸とタンパク質が近くに存在するには、それぞれが相手に対して親和性を持つ必要があるだろう。実際に、ＤＮＡ結合能力を持つタンパク質が知られているが、普通はこの能力は特殊な一群のタンパク質に限られていると考えられている。しかし、これは太古から存在していたタンパク質の特徴ではないかと私は想像している。なぜなら、異種分子が共存できる体制こそ「生命」誕生の第一歩だからだ。Ａ、Ｇ、Ｔ（ＲＮＡではＵ）、Ｃ、という四種類の塩基[4]がなぜ選ばれたのかも、アミノ酸のつながったポリペプチドとの共存という視点から考えてみてはどうだろうか。逆に二十種類のアミノ酸についても、核酸との共存がしやすいものが選ばれたという可能性があるだろう。

この考え方でゆけば、最初にタンパク質と核酸が、なんとなくごろにゃんともつれ

[2] **アレキサンドル・オパーリン**　一八九四～一九八〇。ロシアの生化学者。生命の起源に関して化学進化の一段階としたコアセルベート説を提出した。

[3] **コアセルベート**　生命の起源に重要な寄与をしたとして、オパーリンが提案したもの。原始地球で有機化合物が海に溶け込み、次第に濃縮してコロイド状になった。それらが集合することにより、膜に包まれた液滴状の構造が誕生したと想像し、それを「コアセルベート」と名付けた。細胞膜の原型として考えられた。

[4] **塩基**　一般にはアルカリ性を示す物質を指すが、ここではＤＮＡやＲＮＡという核酸の構成要素のひとつである有機化合物のこと。ＤＮＡとＲＮＡに共通な塩基として、アデニン（Ａ）、グアニン（Ｇ）、シトシン（Ｃ）があり、そのほかに、

あった共存体制が生じた後に、脂質膜が参加して共存体制が強化されたということになる。このときにはすでに原始的な自己複製システムができあがっていた可能性がある。こうしてゆっくりと「化学進化」の段階から原始的な**細胞**が誕生してきた。この場合、DNAは決して設計図のような生命の中心に位置するものではなく、生命を構成する分子種のひとつにすぎなかった。DNAの上に乗っている遺伝子の総体であるゲノムも同様である。タンパク質、脂質、糖などの他の分子との共存の上ではじめて、ゲノムに意味が出てくるのだ。

生命の前に無生命ありき、である。無生命といっても、生命体を生み出したのは、分子レベルの化学反応であると想像されているので、その段階ですでに生物の「進化」に似た過程が存在していたと考えられている。これを**化学進化**と呼ぶ。残念ながらわれわれは化学進化からどのように生命が誕生したかについて、明確な筋書きを持っているわけではない。しかし、ゲノム概念が生命体全体の総括的情報を扱うことから、全生命にかかわる生命起源の問題について少し考えてみよう。

安全な探索の仕方として、生物が現在実際に用いている分子の非生物的起源を考えるという、時間をさかのぼる方法がある。これに対して、太古の地球あるいはそれ以前の、原始太陽系においてすでに存在していたであろう分子から現在生物が用いている多種多様な分子を非生物的に作り出すという、時間を順行する方法がある。いずれの方法をとっても、最大の興味はやはり核酸とアミノ酸の自然発生である。核酸であ

DNAに特有なチミン（T）とRNAに特有なウラシル（U）がある。

るＤＮＡやＲＮＡの単位を「ヌクレオチド」と呼ぶが、この分子は塩基、リン酸、リボース（糖の一種）の三種類の部分から成り立っている。

はじめに自己複製系ありきか、それとも物質交代系ありきなのか、あるいは最初から両者がカップルしていたのか。現存するすべての生物が用いている核酸とタンパク質の複合系は、まったく異なる体系の分子が共同作業をしているが、最初はばらばらだったのだろうか。そのように考えるのが、RNAワールド仮説である。これは、生命の初期段階がＤＮＡもなくタンパク質もなく、ＲＮＡだけで始まったという考えである。とっぴであるように思われるかもしれないが、ＲＮＡが現在でもタンパク合成に重要な役目をしていることはよく知られている。ただし、遺伝情報の流れがＤＮＡを出発点としているように見えることと、実際の生物の行なう中心的な化学反応をタンパク質が担当しているということから、ＤＮＡとタンパク質が生物の主要な分子であるように考えられることが一般的である。

宇宙そのものの誕生は一四〇億年ほど前だと推定されているが、太陽系は第二世代以降の恒星系として五〇億年前ごろに誕生し、その後各惑星系が形成されていった。四〇億年前ごろには地球表面がかなり落ちつき、海が作られた。地球上に生命が発生したのは三八億年ほど前だと考えられている。

生命のない状態から生命が生じる場合の第一歩は、現在の生命で用いられている有機物の中の単純な形の分子が、自然に合成されることである。ＤＮＡの単位である核酸を構成する塩基、タンパク質の単位であるアミノ酸、細胞膜の単位である脂肪酸、あるいはさまざまな種類の糖といったものが、推定される原始地球の環境と似た状況下で実際に生成されることが、実験的に確かめられている。生命誕生の次のステップでは、これらの単位となる分子がつながって高分子化するが、これも比較的簡単に起こるようである。問題はそれ以降である。どのようにして情報伝達を担当するＤＮＡと、触媒作用を担当するタンパク質に機能分化したのだろうか。これら二者のあいだをつなぐＲＮＡが、情報伝達も触媒機能も持っていた時期（ＲＮＡワールド）[5]があったとする考え方があるが、その段階から遺伝暗号に見られるアミノ酸とコドンのきれいな対応関係が生じるまでには、かなりの開きがある。さらに、膜に包まれた細胞という閉鎖系がどのようにできてきたのかも、アレキサンドル・オパーリンらの先駆的研究はあるが、現在でもはっきりとはわかっていない。生命の起源は現代生物学の大きな謎である。

［5］コドン　ＤＮＡの塩基配列の中で、タンパク質のアミノ酸配列の情報を与えている部分では、塩基三個が一組になって一個のアミノ酸を指定している。この三個一組の塩基配列を「コドン」と呼ぶ。

モノとコト——自然科学における記述の限界

東西思想におけるモノとコトの対立

イタリア・ルネッサンス時代の代表的な画家のひとりであるラファエロの作品のひとつに、中央にプラトンとアリストテレスが立っていて、プラトンは手を上に、アリストテレスは手を下に示している絵がある。バチカンのサンピエトロ寺院にある名画であり、日本では「アテネの学堂」という題がつけられている。これは師と弟子でもあった二人の考え方の違いを端的に表したものだが、プラトンは天上のイデアを重視したのに対し、アリストテレスは地上の現実の世界を重視した。プラトンの場合、洞窟の比喩[1]からもわかるように、イデアとは、われわれ地上の存在にはその本体を直視することが不可能な存在だ。現代風に言えばモデルであり、コト、つまり論理構造にあたる。一方、現実の地上界（実際には地上に限らず、宇宙の森羅万象すべてなのだが）は、モノ、すなわち物質である。つまり、アリストテレスとプラトンが重視していたのは、それぞれモノとコトということになる。

モノとコトの対立は、洋の東西を問わず、われわれの思考の中できわめて根深いの

[1] **洞窟の比喩** 我々が普段見たり触ったりする個々の物事は、実はイデアという原型の類似物にすぎず、本当の知識はイデアを知ることによってのみ得られるとする考え方。プラトンが『国家』において、洞窟の中に住む人々の認識という比喩を用いて論じたのでこの言い方がある。

ではなかろうか。仏教では、もともと「これ生じればあれ滅す」という言葉に象徴される、因果関係（縁起）を重視してきた。仏教経典のひとつ『ミリンダ王の問い』では、仏教の尊者ナーガセーナが、ギリシア系のミリンダ（メナンドロス）大王を次々に論破してゆく。たとえば、とても短いが「智恵の所在」という項では次のような対話が交わされる。

大王「智恵はどこにありますか。」
尊者「どこにもありません。」
大王「それでは智恵は実在しないのですか。」
尊者「風はどこにありますか。」
大王「どこにもありません。」
尊者「それでは風は実在しないのですか。」
大王「もっともです、尊者。」

（平凡社東洋文庫『ミリンダ王の問い1』より。）

ナーガセーナはアビダルマという学派に属しており、その後、「空」の思想がインド南部で展開される。ナーガルジュナの興した中観派を代表とする空の思想は、色（森羅万象）には本体がない、空であるとして、コトの論理である相互依存関係絶対主義であった。この論理でゆけば、時間も相互依存関係から生じる幻にすぎない。ただし、論理といっても、空の思想は通常の形式論理（コト）ではこの世界を把握できないとしている。このため、表面的には非論理的に聞こえる議論が展開されるのである。このあたり、禅の思想と共通である。この、論理的関係だけでは世界のすべてを把握できないという命題は、現代に至るまで人間の思想や哲学が越えることができない壁のひとつだと思う。

言葉としては、モノとコトのあいだには、もともとはあまり区別はなかったようである。日本語では「物事」（ものごと）とひっくるめて言うし、英語でも「thing」というひとつの単語でモノとコトの双方を表現している。人間の初源的な世界観であるアニミズムはモノ信仰であり、事物のあいだの関係というコト概念は、人間が世界のことをあれこれ考えるようになってから、ずっと後になって現れてきたのだろう。この意味で、日本神話に登場する「事代主神[2]」は、コトにかかわるものとして興味深い存在だと、私は以前から考えている。

コンピュータにおけるモノとコト

現代では、数学的思考とコンピュータの発達によって、情報というコトは物質であるモノからますます切り離して考えられるようになり、しかもコトが圧倒的優位にたっている。それはコンピュータを使っている人間ならば日常体験していることだ。モニターの画面に現れる文字や画像は、コンピュータのどこかに、もともとはモノとして、磁気的か何かの方法で暗号さながらに格納されている情報（コト）を取り出して

[2] **事代主神** ことしろぬしのかみ。日本神話に登場する神のひとりで、大国主神の子。国譲りの際、高天原からの使者に対して、出雲の国を譲ることを承諾したとされる。著者の勤務する国立遺伝学研究所は三島市にあるが、そこの三嶋大社の氏神でもある。

人間に見せているものであり、それは瞬時にしてコピーしたりネットワーク上を移動したりすることができる。

ではコトである情報こそが本体であり、モノは重要ではないのだろうか。そう簡単ではない。コンピュータは論理的に構成された存在しか取り扱わないから、その中ではコト優位であるのは当然だ。しかし、現実のモノには、常に既知の論理を超えた何かが存在するのである。数学の論理構造で構築された現実世界のモデルである多数の理論を有する物理学でも、実際の現象をすべて論理式だけでモデル化できているわけではなかろう。

ましてや、多数の物質が交錯する細胞からなる生物は、文字どおり生きたモノである。簡単な論理構造の上に立つだけの理論では、とうてい生命現象を再構築することはできない。ただ、ここで断っておきたいのは、論理的な現象の把握が原理的に不可能だと主張しているわけではないことである。細胞の中のすべての分子の状態をなんらかの論理式で記述できる可能性はもちろんあるだろう。

現在、大幅に性能が向上しつつあるコンピュータを用いて、生命現象をコンピュータの上で実現できるのではないかという可能性がささやかれている。ここでは、本来の意味での**人工生命**のことを考えており、シミュレーションゲームに毛がはえた程度のものは本書の眼中にない。というよりも、現象の一部のみを模倣するシミュレーションは、現象そのものを再現することとは本質的に異なるものである。

ししおどしを再現するには

ここで、問題点を明らかにするために、システムとして簡単なものを例にあげてみよう。それは、簡単な仕掛けなのに、なぜかその動きとその音がわれわれの心を打つ「ししおどし」である。竹筒に流水が注がれ、ある限度に来ると水の重みで竹筒が大きく傾き、石にあたって独特の音を発する。とともに水を吐き出し、軽くなった竹筒は再び水を誘い入れる。発する音によって鹿を驚かせることから、しし(鹿の意)脅しと呼ばれる。

「ししおどし」を再現させるには、いろいろな方法がある。ひとつは、それを作ってしまうことだ。竹筒を、何かの別の素材で作成し、本来は広い庭の一角にあるべきだが、中庭に設置し、またもともとは小さい流れが水を竹筒に注いでいたのを、水道の水に変える。竹があたる石もセメントに変える。これは本来の意味の「人工生命」に対応する。モノの置き換えだからである。DNAのかわりに、似かよった振る舞いをする別の分子を用いて生命を作ろうというものである。この第一の方法は、モノ主体である。

そんな仕掛けが面倒なら、本式のししおどしの音をテープに録音し、それをエンドレスで再生させればよい。音のみであり、あまりに味気ないと思ったら、ししおどしの動きをビデオで録画し、それを音声と一緒に大型スクリーンに映し出せばよい。さらに進めて、三次元的に見えるようにもできるだろう。これは、人間が耳や目などの知覚器を通して外界の情報を取り入れていることを利用した、古典的な「仮想現実」とでも言えよう。古典的といったのは、実在するしおどしをもとにしているからであり、通常言われる狭義の「仮想現実」とは異なるからだ。

現実をなんらかの方法で記録したい、再現したいという人間の欲求は、旧石器時代の洞窟壁画までさかのぼることができる。狭義の仮想現実も人間のこの長い歴史の中のごく最近の試みと考えれば、これまでの絵画、写真、録音機、ビデオなどという一連の記録方法の流れも、広い意味での仮想現実と考えていいだろう。

もうひとつのやり方が、狭義の仮想現実による方法である。水がある量までたまると反対側に傾いて水が流れ出て再びもとの量にもどるが、そのとき音が出るという、ししおどしの鳴るフィードバックメカニズムをプログラム化し、それをコアにしてコンピュータグラフィックスによる仮想現実世界を構築するものである。個々の要素(竹の光沢、背景の林、苔、水の流れ)は実在の世界に似せているが、それらが複合されてできる映像は、録画とは異なり、現実の世界には存在しない。一方で、第二の方法である古典的な仮想現実手法と異なり、こちらの方はいろいろな方向からししおどしを眺めることが可能になるし、水を注ぐ速度も自由に変えてみることができる。この方法はコト主体であり、人工生命をコンピュータの中で生じさせようという試みに対応する。

生命のシミュレーション

では、生物そのものではどうなのだろうか。生命を持つ生物は、DNA、RNA、タンパク質、糖、脂質を中心とする多種類の分子から成り立っている。生物は文字どおり「生きているモノ」である。しかし、DNAというモノが遺伝子という情報（コト）を載せているということがわかって以来、モノとしての生命だけでなく、コトとしての生命が重要視されるようになってきた。

コンピュータの発達によってこの傾向は加速している。現在のコンピュータの生みの親のひとりであるフォン・ノイマン[3]自身が、自己増殖するオートマトンの理論を、一九四〇年代に提唱していたが、コンピュータの性能が向上してはじめて、一般社会にも、デジタル情報というコトの上でだけの「生命」が誕生しつつある。数年前に日本だけでなく世界でも急激なブームを引き起こした玉子型のペットゲーム「たまごっち」がその好例であろう。小さな液晶スクリーン上に誕生から成長、老化、死へと展開する素朴なアニメーションだが、人形よりもはるかにいきいきと生命のエッセンスを示している。この持ち歩けるデジタルペットに対して、デスクトップスクリーンという静止物にぴったりの熱帯魚飼育シミュレーションソフトもある。こちらは生病老死のすべてが備わっているだけではない。一匹ごとに名前がつき、これら一匹一匹がすべてユニークなのだ。将来は、バーチャル・リアリティ機能を備えたシステムを小

［3］フォン・ノイマン　一九〇三〜一九五七。ハンガリー出身で、第二次世界大戦前に米国へ亡命した数学者。現在用いられているコンピュータシステムの生みの親。ほかにも、量子力学やオートマトンに関する研究、原爆を開発したマンハッタン計画の中心人物の一人として知られる。

型化して、デジタル・ティラノザウルスをお供に街中を散歩することができるようになるかもしれない。もっとも、最近の傾向としては、動くモノである「ロボット」、アイボやアシモなどが登場し、そちらに人気が集まっている。

コンピュータサイエンスの世界でも、このようなデジタル生命の研究がいろいろと行なわれている。複雑な図形を生成するだけの単純なアルゴリズムが「人工生命」という言葉で呼ばれることがある。しかし、生物はモノであると考えるわれわれ生物学者から見ると、情報というコトを全面に押し出す情報科学の発想には首を傾けることも多い。私の専門である分子進化学では、塩基配列をコンピュータの中で生成し、その上に疑似乱数を使うモンテカルロ法で突然変異を発生させて、遺伝子進化のシミュレーションを行なうことがある。しかしこれをもって人工生命だという進化学研究者はひとりもいないだろう。たしかにこのようなシミュレーションは、生命進化のある側面を忠実に再現したものではあるが、自己複製し物質交代する生命「そのもの」ではないからだ。バクテリアの中で行なわれている酵素の反応を、それらの反応方程式をずらりと並べて、コンピュータの上で再現するという興味深い研究も現在進められているが、細胞全体の働きをシミュレートするには、まだ遠い道のりがある。

本来の人工生命は、コンピュータチップの上ではなく、試験管の中に作られるべきものである。生命がモノであるからこそ、遺伝子の分子構造や遺伝暗号を根本的に変えてやれば、別の生命が生じる可能性があるのだ。この意味での人工生命は、生物学が十分発展すればやがては創造されるであろう。このような素材を取り替えるという試みに対して、現存する生物を人工的に改変するという試みがある。遺伝子組換え植物など、すでに実用化されているものもある。こちらは普通の感覚では「人工生命」とは呼ばないが、ある生物が持つ遺伝子の多数を改変すれば、もとの生物とはかなり異なったものが生じると想像されるので、広い意味で人工生命の範疇に入れてもいいだろう。

自然現象のシミュレーション

自然科学の研究というのは、自然界の現象を法則や一定の記述法にしたがって理解してきた。今や、それらすべての論理構造をコンピュータの中に移すことが、原理的には可能である。すると、生命現象をわれわれが「正しく」しかも「完全に」モデル化できたならば、その知識によって、もはやシミュレーションではなく、本当の意味での**デジタル生命**が誕生するのだろうか。

これは、生命の論理的な対応付け（「マッピング」）と直結する問題である。試験管の中にある生命体が行なっているすべての化学反応を厳密に記述し、それらを忠実にコンピュータの中で再現したら、その「シミュレーション」というコトは試験管の中のモノとどう違うのだろうか。記述の厳密さはどこまで必要なのだろう。分子名を羅列して、それらのあいだの化学反応を記述するという代謝マップのレベルではまだ不

［4］**空間充填モデル**　ファンデルワールス半径で定義された、各原子の概略の大きさを球で示して、それらのつながりとして分子を立体的に表示したもの。泡がつながったような形状を示す。

十分である。分子の名前は人間が便宜的に与えたラベルにすぎず、実体とはほど遠いからだ。

[4] したがって次の段階は、各分子の空間充填モデルを与えて、それらの集合体としての細胞内で行なわれるすべての化学反応をシミュレートすることになる。こうなると、ぐっと現実の細胞内の振る舞いに近づいた気がしてくる。ちょっとした分子構造の変化が、思いもかけない大きな変化を与えることも、このようなレベルのシミュレーションであれば再現することが可能になるだろう。

　通常のヘモグロビンAに対して、6番目のアミノ酸がグルタミン酸からヴァリンに変化したヘモグロビンSという具体例を考えてみよう。このタンパク質分子は一次元のポリマーという柱状の構造を生じてしまい、無限に伸びようとする。このために赤血球の形状まで変化して、草刈り鎌のようになる（図1・2）。このような変化は、タンパク質の立体構造まで計算してはじめて復元でき

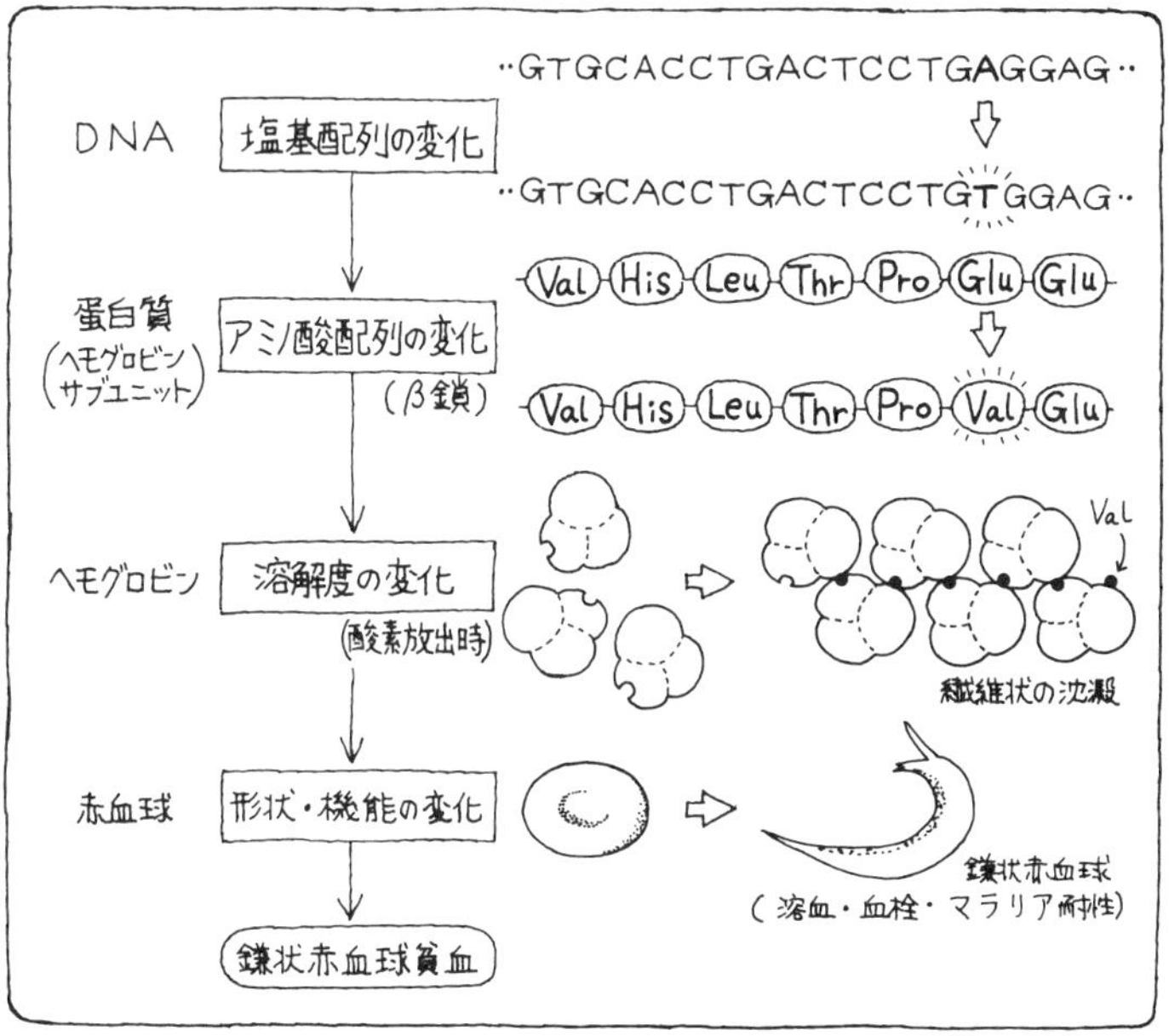

図1・2　鎌状赤血球の誕生

るものである。

化学反応の種類によっては、量子化学的な微細な振る舞いも考慮する必要が出てくるだろう。こうなると、仮に原理的には可能であっても、現在のコンピュータの能力をはるかに凌駕するメモリーと計算スピードが必要になるだろう。今や、ある生命体を形作る遺伝子セットの総体である「ゲノム」の全塩基配列が次々と決定されている。もちろん、塩基配列だけが与えられても、生命がたちどころに生じるわけではない。それらのRNAへの転写、タンパク質への翻訳、さらにこれらの制御システムが必要である。しかし、上記のマッピングは、これらすべての分子レベルでの知識をコンピュータ上に移し変えたと仮定しての話なのである。このようなマッピングがどこまで詳しく、より自然現象に肉薄できるかについては、今後の発展が待たれるところである。

ここに本質的な問題点として、自然科学における記述の限界がある。これまで比較的単純な系を扱ってきた物理学の世界では、数式を駆使したいわゆる物理法則が多数考案されてきた。そのためか、極端な見解としては、それら数式の中で示されている論理構造こそが自然界の本質であるというものもある。しかし、数式を用いた法則といえども、自然界を記述するための便法にすぎないのではあるまいか。自然科学とは、この宇宙、森羅万象のさまざまな現象の記述であり、現実の自然界と切り離すことはできない。この意味で、論理構造だけを対象とする数学とは少し異なっている。

車や飛行機などの形態が空気の流れをどのように変化させるかを調べるのに用いられる風洞実験は、現在ではコンピュータ上で数値計算することが一般的だが、これはナビエ・ストークスの式という微分方程式を用いている。それによって、たしかに従来実際に煙の混じった風を送って乱流の生じるありさまを調べていた実験を再現しているようである。これは物理法則とコンピュータの結びついた大きな成果である。しかし、これはあくまでも自然現象のある側面を抽出しただけであり、自然現象そのものの再構成ではないことは、自明だろう。生命現象も同じである。遺伝子発現制御システムを含む物質交代の様相がわかっても、それはせいぜい骨格にとどまっているからだ。この骨格に肉付けするのは、そう簡単ではない。空気が比較的少数の分子（窒素、酸素、アルゴンなど）から成り立っており、等質であるのに対して、細胞には、きわめて小さい体積の中におびただしい種類の分子が存在し、しかも細胞内の場所によって濃度が大きく異なるからだ。この巨大な複雑性は生物の特徴のひとつである。

クオリア（絶対質感）——モノとコトの接点？

コト中心の脳神経系

モノとコトとのあいだにいろいろな齟齬が生じる原因は生命現象ではなく、われわれの脳神経系の振る舞いにあるのではないかと私は考えている。簡単に言えば、脳神経系の働きは、コトの世界で完結する可能性があるということである。生命がモノであるのにたいして、そこから生まれた脳神経系はコト中心になってしまったのではあるまいか。このモノとコトの対立は、われわれ人間だけに限定されない。脳神経系を十億年以上のあいだの進化によって獲得してきた動物の性（さが）であると考えられる。この自然の二つの側面をつないでいるのが、**クオリア**かもしれない。クオリアとは哲学や認知心理学で使われている言葉であるようだが、要するに絶対的な質感である。私は外来語をその発音に近いカタカナで表してこと足れりとする風潮が嫌いなので、クオリアを**絶対質感**と呼ぶことを提案する。

絶対質感の具体例をあげてみよう。空の青さを認識するには、青色の光が目に飛び込んで、それが網膜の色知覚タンパク質（オプシン）の中にあるレチナールという分子の構造を微妙に変えることからスタートする。これによってオプシンタンパク質が変化し、それが一連の分子反応によって、最終的に視神経が電気的に興奮し、それが視床でのシナプス連絡を介して、大脳後頭葉などの部分に伝達され、視覚の認知が生じる。しかし、最終的な知覚が生じるまでは、神経細胞の興奮パターンはあたかも暗号化された情報の伝達のようなものであり、「意識」の上で色を感覚してはじめて、この暗号が解読されるわけである。この最終的な主観の生じる場こそが絶対質感であり、青色の波長を、特定の感覚としてつかむわけである。

波長の記述に始まって神経細胞の興奮パターンまで、われわれは客観的に記述することが原理的に可能だが、最後の自己の主観的感覚である絶対質感を記述することがきわめてむずかしい。今のところ、論理的な記述には成功していないと思われる。これは絶対質感を乗せている自意識についても同様だろう。私には、ここにこそ、モノとコトの接点があるような気がする。

絶対質感は、脳のどこで生じているのだろうか。ラマチャンドラン[1]が『脳の中の幽霊』で、視覚の盲点の研究から得た仮説によれば、絶対質感の生じているのは盲点に周囲の状況を書き込む海馬だという。この主張の妥当性については、私はよくわからない。

[1] ヴィラヤヌール・ラマチャンドラン　カリフォルニア大学サンディエゴ校教授。大脳生理学者。

自意識とゲノム

物心ついたころから、私たち一人一人に「自意識」が目覚める。そしてそれは眠っているときには働きが弱まり、目覚めとともに活動を再開する。最終的には、「死」によって個人の自意識は完全に消滅する。死への恐怖はこの自意識消滅の恐怖である。自意識なくして、絶対質感は生じないだろう。この不思議な自意識こそ、こころの中心である。あまりに明快な「自己」感覚を生じさせるために、身体と心は別々であるという「心身二元論」が、多くの人々を惑わせてきた。しかし、そのようなことはない。心と体はつながっている。したがって、人間の身体を作る設計図のようなものである「ヒトゲノム」のＤＮＡは、なんらかの意味で心とつながっているはずである。本書はゲノムについて語るものであるが、私の最終的な興味は自意識にある。ゲノム上の遺伝子情報からＲＮＡやタンパク質が作られ、細胞が形作られる。なかでもある特殊な細胞がたくさん集まって、脳神経系が成り立っている。そこに自意識が宿っているのだ。この心身一元論は、現代生物学の常識である。すなわち、ゲノムのＡ、Ｔ、Ｃ、Ｇという無味乾燥な四文字の羅列に、自意識を発生させる「何か」があるはずだ。この意味で、ゲノムと意識はつながっているのである。

第２章　ゲノム研究の歴史——メンデルからヒトゲノム計画まで

この章では、ゲノムの研究がどのように発展していったかを歴史的に追ってみることにする。遺伝法則を発見したメンデルに始まって、日本人を含む多数の科学者が登場する。もちろん自然科学の発展には膨大な数の研究者がかかわっており、歴史に名を残した人間だけで進むものではない。しかし一方で、ひとりの人間が新しい研究分野を突如として創りあげるということもある。また本章は科学史を本格的にあつかったものではなく、私の思い入れで書いた部分が多いことをここで前もって弁解しておく。

ゲノム前史——メンデルからモーガンまで

メンデル

現代生物学は遺伝子抜きには語ることができない。バクテリアの分類から脳の機能まで、ありとあらゆる場面で遺伝子が顔を出すのだ。私が遺伝子の研究をしているために、多少偏った見方をしている可能性もあるが、少なくとも生命の物質交代の中心に、遺伝子ＤＮＡがどーんと座っていることを否定することはできないだろう。

遺伝子の研究は、ヨーロッパの片田舎の、ある修道院の僧侶が見つけた美しい法則から始まった。彼の名前はグレゴール・ヨハン・メンデルである。一八二二年、モラヴィア地方（現在はスロバキア）に生まれたメンデルは、当時のオーストリア・ハンガリー帝国に属していたモラビアの中心地ブルノという都市にあった修道院の修道僧となり、のちにそこの院長になった。

メンデルは少年時代から優秀だったそうである。学校を終えて二一歳で修道士となったのも、科学研究が可能だったのがひとつの理由だったようだ。中世ヨーロッパでは、修道院は今でいう大学のようなものだったが、一九世紀の後半になっても、まだ修道院は学問をできる場所のひとつだった。修道士となってからも、メンデルはウィーン大学に二年間内地留学している。この間、当時育種学の最高峰だったゲルトナーの著作を精読したほか、物理学や化学の講義も受け、機械論的生命観を身につけた。当時すでにドルトンが原子論を提唱していた。これは遺伝子（メンデル自身は「エレメント」と呼んだ）というきわめて原子論的な発想を生むのに役立っただろうと考えられている。

メンデルはウィーン留学からブルノの修道院にもどるとすぐに、豆のひとつであるエンドウを用いて遺伝に関する研究を始めた。当時多数の育種学者が遺伝の研究をしていたが、まだ遺伝法則は発見されていなかったのである。この法則を解明してやるぞという、若きメンデルの気負いを感じる。研究を始めてから一〇年以上たった一八六六年に、彼は現在では有名になった「メンデルの遺伝法則」発見に関する論文をドイツ語で発表した。しかし、生前には広く受け入れられることはなかった。これには少なくとも二つの原因があるように思われる。ひとつはメンデルの法則の核心が統計解析から得られたものであり、当時の生物学の水準をはるかに越えるものだったからだろう。つまり、重要性が理解されなかったのである。もうひとつは、メンデル自身の問題である。彼が自分の発見した法則の重要性を本当に喝破していたら、もっと宣伝すべきではなかったか？　これは当時の生物学の中心だったドイツの周辺にいた、しかも学問そのもののために存在するわけではない修道院にいた彼の位置からすると、ないものねだりだったのだろうか？

さて、メンデルの遺伝三法則、つまり「分離・独立・優性」の法則のうちでもっとも重要なのは、分離の法則である。これは親から子にある粒のような物質が伝わり、それが表現型（目に見える生物の形）を決めていることを示している。この物質が、のちにＤＮＡであるとわかるのである。現代風に言えば、「遺伝子の物質的本体は微小な粒子（つまりＤＮＡ）である」ことを唱えたのが分離の法則である。この法則は植物だけでなく、動物でもバクテリアでもウイルスでもありとあらゆる生物であてはまる。このような普遍性のある法則は、生物学ではめったに存在しない。

もっとも、この点に関しては**表現型**によって議論が別れるところである。メンデルはエンドウで七種類の表現型を注意深く選んだが、これらは表現型の違いと遺伝子型の違いが一対一に対応している。たとえば、豆の表面がシワシワかツルツルかという二種類の表現型を持つ形質は、現在ではでんぷんの分子構造に関係するある特定の酵素の遺伝子に対応することがわかっている。こういう論理的に単純な構造である場合には、分離の法則が美しく成立する。ところが、表現型がもっと複雑な場合にはこのようにはいかないのである。

メンデルの遺伝法則は、彼が亡くなった一八八四年には世界的にほとんど知られていなかった。一九〇〇年にようやく日の目を見たので、「再発見」されたと言われるが、ただちにすべての生物学者の支持を得たわけではない。特に、生物統計学派と言われる研究者からは、自分たちが研究していた形質ではメンデルの法則が成り立たないから、この法則は間違っているという批判が起こった。彼ら生物統計学派は、身長などの量的形質を研究対象としていた。たしかに身長や皮膚色など連続的に変化している形質は、ツルツルかシワシワかという明確に分けることのできる形質とはそもそもその表現型でも異なっている。しかし、このような量的形質の場合でも、粒子的遺伝システムで説明できることを、一九二〇年代になって、現代統計学の父でもあるロナルド・フィッシャーが示した。また、エンドウのような植物だけでなく、動物でもメンデルの遺伝法則が成り立つことを、日本の外山亀太郎[1]が最初にカイコを用いて一九〇六年に示した。その後も続々と同様の研究結果が報告されて、メンデルの分離法則の正しさが立証されていったのである。

こうして、メンデルは遺伝学の父となり、その後の遺伝学研究に確固たる基礎を与えたのである。生存時にはあまり注目されなかったひとりの人間が、後世にいかに大きな影響を与え得るかの、よい例だと思う。ちなみに、二〇〇一年二月に発表されたヒトゲノム概要配列の大論文は、メンデルの法則から書き起こされている。

[1] 外山亀太郎　一八六七〜一九一八。カイコを用いた一連の遺伝的研究を行なった。

ダーウィン

チャールズ・ダーウィンは一八〇九年に生まれて一八八二年に亡くなっているので、メンデルの同時代人である。二十代に、当時世界最新鋭だった大英帝国海軍ビーグル号の世界一周航海に参加した。彼は大学等に勤めることなく、ダウンの町の自宅で研究した。一八五九年には『種の起原』を発表して、自然淘汰による進化論を主張した。

ダーウィンは偉大な研究者ではあったが、残念ながら遺伝する物質の振る舞いについては、間違った考え方を持っていた。彼は親から子になんらかの物質が伝わると考え、それに「ジェンミュール」と名付けた。各ジェンミュールは身体の各部分へ配分されてそれに対応した器官の形成にあずかる（現代風に言えば遺伝子発現）と考えた。ここまではよいのだが、ダーウィンは、ジェンミュールが次の世代に伝わるときには、身体のあちこちから集まって配偶子（人間で言えば卵や精子）に含まれると仮定した。したがって、器官が後天的に変化するとジェンミュールも変化してそれが子孫に伝わると考えた。この**パンジェネシス論**は、ラマルクの唱えた、獲得形質の遺伝を説明する理論にほかならない。近頃、ダーウィンはすべて正しかったかのような、彼を神聖視するむきもあるようだが、それはおかしい。ダーウィンにも限界はあり、誤りもあった。また彼も時代の子である。メンデルの研究に注目しなかったことも、その当時は他の研究者もメンデルの発見の重要性に気づかなかったのだから、ダーウィンだけを責めることはできない。

とはいえ、ダーウィンが一九五九年に発表した『種の起原』は、現代のわれわれが読んでも新鮮な感じがする。この本が百五十年ほど前に書かれたものだということを考えると、驚きである。ひとつには、いつの時代にも通用する明快な論理で貫かれているからだろう。また、ダーウィンの思考が柔軟であり、さまざまな可能性を考えていたことも、彼の真摯な性格が読みとれる。たとえば、第6章「学説の難点」では、人間の眼のような複雑な構造が、彼の考える自然淘汰で生じたとは、なかなか考えにくいとしている。しかし一連の中間段階を考えれば可能だろうと結論づけている。

ダーウィンは『種の起原』を発表してから十年以上たって後、人間の進化について考察した『人間の由来』という本を発表している。これについては、本書第5章で人間の進化について書いた部分でまた触れることになる。

ミーシャー

DNAの二重らせん構造の発見者がワトソンとクリックであることはけっこうよく知られているようだ。もっとも、なかには、ワトソン＝クリックという一人の人間だと勘違いしている人もいるようだが。ところが、物質としてのDNAの発見者については、あまり知られていない。フリードリッヒ・ミーシャー[2]という生化学者である。彼は血液に含まれるリンパ球の中から、リンを含む、当時知られていなかった新しい物質を発見し、一八七一年に「ヌクレイン」と名付けた。もちろんそれが遺伝子の物質的本体であるデオキシリボ核酸であることは知る由もない。しかし、タンパク質でもない、脂質でも糖質でもない、それまでまったく知られていなかった新しい分子を発見したわけだ。彼の名前を冠した研究所が、スイスのバーゼルにある。

[2] **フリードリッヒ・ミーシャー** 一八四四〜一八九五。スイスのバーゼル生まれ。チュービンゲン大学の生化学者ホッペザイラーのもとで研究した。

ヴァイスマン

動物では、精子と卵という配偶子が次の世代を生じるのに対して、個体の大部分を構成する体細胞は個体の死とともに消滅してしまう。私はこのことを中学の保健体育の時間に学んだ。いつもは体育の実技に関する内容が多いこの科目で、めずらしく人間の発生の話題になった。そこで、体育の教師がいつになくまじめな顔で、精子と卵の結合によって次世代ができて、自分が死んでも遺伝子として伝わって行くのだという話をしてくれた。このような、体細胞系列と生殖質系列の細胞の運命の違いは、同じく多細胞生物である植物ではそれほど明確ではない。接ぎ木、挿し木、地下茎などの、栄養体生殖が存在するからである。

それはともかく、この生殖質連続説は、アウグスト・ヴァイスマン[3]が最初に唱えた。これは多細胞生物において、ラマルク流の獲得形質の遺伝の考え方を明確に否定するものである。なぜなら、個体がその一生のあいだに獲得した形質はそのほとんどが体細胞に蓄積されているはずであり、もし体細胞系列がすべて死滅して、遺伝物質が生殖質だけで受け継がれるのであれば、獲得形質は遺伝しないはずである。彼はこの説を証明するために、ネズミの尾を何世代にもわたって切断し、それが子孫に伝わらないことを示したことで有名である。このエピソードは、どちらかというとヴァイスマンを少しあざけって紹介されることが多いが、「生殖質の連続」は、われわれ真性の

[3] アウグスト・ヴァイスマン　一八三四〜一九一四。ドイツの生物学者。動物の生殖質連続説を提唱し、獲得形質の遺伝を否定した。

多細胞生物である動物にとってきわめて重要な概念である。

二〇世紀の後半になって、**利己的遺伝子**という考え方がもてはやされるようになったが、そのきっかけとなったリチャード・ドーキンスの著作を学生時代に読んだとき、私にはヴァイスマンの生殖質連続説からただちに導かれるだけの考え方であり、特別の新しさはないと感じたものである。

モーガン

トーマス・ハント・モーガンは、米国の南北戦争が終わった直後の一八六六年に、ケンタッキー州で生まれた。彼は、最初発生学を研究していた。一時期滞在したイタリアのナポリにある海洋研究所では、生気論の主導者として名高いハンス・ドリーシュと共同研究もしている。しかし、当時でも、いや二一世紀に入った現在ですら、生物の発生はまだまだわからないことが多い。そこで彼はこう考えた。生物の発生を知るには、その基礎となる遺伝子の挙動を知らなければならないと。ここがモーガンの偉大なところである。また、モーガンは、当時も、また現在でも生物学にはびこっている目的論的な説明を、いつも嫌っていたそうである。

ただし、メンデルの遺伝法則が発見されてからしばらくのあいだは、モーガンはこの説を疑問に思っていた。しかし、ド・フリースの提唱した突然変異説には魅力を感じており、なんとかして実際の突然変異を見つけたいと、いろいろな生物を調べていた。そのひとつのショウジョウバエで、白眼という突然変異を一九一〇年に見つけたのである。こうして彼はショウジョウバエを用いた研究を、ニューヨークのコロンビア大学で始めた。ハエがたくさん飼われていた部屋はその名もずばり「フライ・ルーム」(ハエ部屋)と呼ばれた。

モーガンらの研究によって、遺伝子が染色体の上にずらりと並んでいることが明らかになり、メンデルの独立の法則は異なる染色体の上にある遺伝子のあいだでだけ成り立つことがわかった。つまり、遺伝子は染色体の上で「連鎖」しているのである。これは、ゲノム計画で染色体のDNAが端から端まで決められて実際にDNAがずっとつながっていることで、確認されている。

モーガンの研究室には、優秀な才能を持った若い研究者が集まった。最初に白眼の突然変異を発見したスターテバント、ブリッジェス、そして後にX線を照射して突然変異率が大きく上昇することを示したマラー。このマラーの発見をもとにして、物理学から生物学に転向したマックス・デルブリュックたちは、遺伝子の最小単位の大きさが、原子をたかだか一〇〇〇個くらいしか含まないと推定した。そしてそれはまさにヌクレオチド一個の大きさにほぼ等しいものであったのである。

彼はコロンビア大学を退職した後に、一九二八年、六十二歳で、カリフォルニア工科大学に新設された生物学科に招聘され、一九四五年に死ぬまでさらに多数の研究者を育てた。その中には、のちにアカパンカビを用いた研究で有名になるジョージ・ビードルや、進化生物学の研究をしたセオドシウス・ドブチャンスキーが含まれている。この大学は、その後も遺伝学研究の中心のひとつとなっていった。たとえば、シーモア・ベンザー教授のグループはショウジョウバエを用いて脳神経系に異常を生じる突然変異を発見することにより、発生生物学の研究を行なっている。

ゲノム研究の古典期
――ゲノム概念の誕生から塩基配列決定法の発明まで

ヴィンクラー

現在はあちこちで「ゲノム」という言葉を聞くし、本書の主題もゲノムについてである。ではそもそも、このゲノムという言葉はいつごろ登場したのだろうか。何か最近作られた新しい言葉だと思われることがあるかもしれないが、実はＤＮＡの二重らせん構造が発見されるよりもはるか以前に誕生しているのだ。遺伝子の物質的本体はまだ不明だったものの、それが細胞核の染色体の中にあることは、二〇世紀初頭にはわかっていた。そこで、ドイツのハンス・ヴィンクラー[1]という植物学者が一九二〇年に提唱したのである。染色体（クロモソーム）に含まれる遺伝子（ゲン）全体という意味で、ゲノムと命名した。植物には染色体の総数が倍加する倍数体が多く見られるので、染色体を光学顕微鏡で観察することが当時の植物遺伝学でよく行なわれていたのである。

私の手許に、ドイツ語で書かれた一冊の古本がある。海綿動物の研究をしているマインツ大学のヴェルナー・ミューラー教授からいただいたものだ。イタリアで開催さ

[1] ハンス・ヴィンクラー　一八七七～一九四四。ドイツの植物学者。

れた分子進化学に関する国際会議のパーティーで隣り合った際に、彼が日本の遺伝学の歴史について質問してきた。木原均氏のことなどを話しているうちにすっかり意気投合し、その少し後にベルリンでチンパンジーゲノムに関する会合があって出かけた折りに彼の研究室に立ち寄ったのである。このミューラー教授は、研究に疲れると、webを駆使して古本探索をするのが趣味で、自宅の本棚には一九世紀や一八世紀に書かれたのではないかと思われる生物学関係の古書がずらりと並んでいる。そこでヴィンクラーに興味があると言うと、たちどころに検索してくれて、一九三〇年に発行された彼の本を発見したのである。後日、日本にその本を送ってくれた。残念ながら、ゲノム概念に関する本ではなく、遺伝子の組換えに関するものだったが、ミューラー教授の友情に深く感謝している。

木原均

スイカには、普通黒い種があるが、特殊な方法で種をなくした「種なしスイカ」がある。作り方は少し込み入っている。まず、普通のスイカを育てて、途中で「コルヒチン」という物質を作用させる。この物質は細胞の染色体が別れてゆくことを阻害するので、通常の二二本からなる染色体が倍の四四本となる。この人工的に作成された四倍体のスイカと通常の二倍体のスイカをかけあわせると、中間の三倍体のスイカが生じる。三倍体の植物は、バナナやフキのように種をつけることができない。正常な減数分裂ができないからである。種なしブドウも同じ原理で作られている。

この種なしスイカの発明者が木原均氏である。木原氏は現在の北海道大学農学部を卒業したあと、京都帝国大学農学部で長く研究を行なった。後には、国立遺伝学研究所長、また自身が設立した木原生物学研究所の所長を歴任した。

「ゲノム」という言葉を創ったのはヴィンクラーだが、それに魂を入れたのは木原氏だ。彼は、コムギの染色体の研究を通して、ゲノムを「生物が生きてゆくのに必要な遺伝子セットの全体」であると定義した。この機能から見たゲノムの定義は、現在でも広く受け入れられているものである。

木原均という人はなかなかおもしろい人だった。北海道帝国大学の農学部に入学した理由のひとつはスキーができるからだったという。実際に、後年になって第九回インスブルック冬季オリンピック大会の日本代表団長をつとめている。また京都大学のカラコルム・ヒンズークシ学術探検隊長もつとめた。顕微鏡で染色体を調べるだけでなく、野外調査にも取り組んでいたのである。

このような広い視野の研究者にしてはじめて生み出せた名言がある。「地球の歴史は地層に、生物の歴史は染色体に刻まれている」。木原氏が一九四六年に作った言葉だそうだ。この言葉を刻んだ木原氏の肖像レリーフが、私のいる国立遺伝学研究所のセミナー室に飾られている。

遺伝子の物質的本体を探る旅

メンデルの時代には、遺伝子という言葉さえまだ発明されておらず、遺伝するなんらかの微小な粒子が仮定されていただけだった。二〇世紀になると、細胞を光学顕微鏡で詳しく観察するようになった。その結果、細胞核の中で特定の染色でよく染まるので「染色体」と名付けられたひものような構造が、どうやら遺伝子を乗せているらしいということがわかってきた。そしてモーガンたちがショウジョウバエを使った研究で、実体はわからないものの、遺伝子が染色体の上でじゅづつなぎになっているということが明らかになったのである。もちろん、染色体を構成する高分子についてはわかっていた。タンパク質と核酸である。現代のわれわれは、遺伝子の本体がＤＮＡ、すなわち核酸であると知っているが、二〇世紀前半には、タンパク質こそ遺伝子の物質的基礎だろうと考えていた研究者も多かったようである。

どちらの物質が遺伝子の情報を担っているのか白黒をつけるためには、なるべく簡単に実験ができる生物を用いるのがよい。この論理は、メンデルの遺伝法則がきわめて広範な種類の生物に適用しているという事実と同時に、すべての生命は単一起源から出発したという進化論からの考察が支えている。すでに、モーガンらがショウジョウバエを用いて遺伝学を確立していたが、その弟子たちの中に、もっと簡単な生物を使おうという動きが生じた。そうして使われるようになったのが、パンにはえるカビのひとつであるアカパンカビである。カビなので、ショウジョウバエよりも手軽に育てることができた。こうして、ビードルとテータムは、「一遺伝子一酵素説」を唱えた。これは現在では逆の場合、つまり一酵素が一遺伝子に対応するという部分は正しいが、その逆は必ずしも真ならずということがわかっている。酵素以外のタンパク質やRNAの遺伝子も存在するからである。

アカパンカビの次に生物学者の興味を引いたのは、バクテリアである。遺伝学の研究では「世代時間」が重要である。なぜなら、親世代から子の世代に遺伝子が伝わるパターンと親子の表現型の比較が遺伝学の基本的研究手段だからだ。この世代時間が短いほど、短期間に多くの実験をすることができる。ショウジョウバエの標準的な世代時間がおよそ一〇日間であるのに対して、バクテリアでは、よい条件だと一時間で細胞分裂が生じる。バクテリアはわれわれ人間やエンドウなどの二倍体生物と異なり、半数体であるので、優劣の法則はあてはまらない。連鎖があるのも一般的なので、メンデルの遺伝三法則のうち、独立の法則もあてはまらないことが多い。ただひとつ残るのは、分離の法則である。そして、遺伝子の物質的本体がタンパク質なのか、DNAなのかを決定する研究が、バクテリアの一種である、肺炎双球菌を使って行なわれた。時に一九四四年のことである。

DNAの二重らせん構造

DNAが遺伝子の物質的本体であることがわかると、自然と興味はその分子構造に行く。分子レベルのこのような微細構造は、光学顕微鏡はおろか、現在の最新の電子顕微鏡を使っても明確にすることはできない。そこで用いられるのが結晶のX線回折解析である。一九五〇年代はじめのころ、ロンドン大学のモーリス・ウィルキンスとロザリンド・フランクリンは、DNAの構造をこの方法で探っていた。それに、フランシス・クリックとジェームズ・ワトソン、さらにライナス・ポーリングが加わってのDNAの分子構造発見競争は、すでにいろいろな本で紹介されているので、ここではあえて割愛する。

タンパク質のアミノ酸配列決定の最初（一九五四年）

これも現代のわれわれから見ると信じがたい話だが、五〇年以上前には、タンパク質がアミノ酸からできていることは知られていたものの、アミノ酸のつながり方は、同じタンパク質であっても必ずしも一定ではないと考えられていた。「情報」という概念がまだ当時の生物学には浸透しておらず、遺伝子との対応関係もまったくわかっていなかったから仕方ないかもしれない。しかしアミノ酸の並び方が決まっていると考えた研究者もいた。そのひとりがフレデリック・サンガーである。彼は、ある生物のタンパク質が同じアミノ酸の並びを持っていることを証明するために、ウシのインシュリンのアミノ酸配列を決定した。はじめてのことなので、アミノ酸の並び方を決定する新しい生化学的方法を開発したのである。あとでも出てくるが、同じサンガーが、DNAの塩基配列決定法も開発している。

遺伝暗号表の発見（一九六〇年代前半）

DNAが遺伝子の物質的本体であり、四種類の塩基がひも状に並んでいるということがわかった一方で、アミノ酸が一列につながったものがタンパク質であることが明らかになった。すると、これら二つの高分子のあいだに、情報の受け渡しがあるだろうという推測が生まれる。こうして一連の研究が行なわれて、分子生物学の**セントラル・ドグマ**（中心教義）と呼ばれる情報の流れが提示された。それは、DNA→RNA→タンパク質というものである。あとに、RNAからDNAを作り出す**逆転写酵素**[2]が発見されたので、少し修正されてはいるが、DNAとRNAという核酸からタンパク質へという情報の一方通行性に対する反例は、いまだに知られていない。

DNAとRNAはよく似た化学物質であり、情報の受け渡しも簡単である。DNA一分子が二分子に増える、「半保存的複製」と同じような方法を用いる。DNAの四種類の塩基（A、C、G、T）に対して、RNAはA、C、G、Uという少し異なる塩基を持っているが、T（チミン）がU（ウラシル）に対応している。こうしてDNAに蓄えられている遺伝情報の一部がRNAに移されるのである。これを**転写**と呼ぶ。

一方、タンパク質はアミノ酸がつながって構成されており、DNAやRNAなどの核酸とはまったく異なる分子である。アミノ酸の種類も二〇あり、四種類のヌクレオチ

［2］**逆転写酵素**　分子生物学では、最初遺伝情報はDNAからRNAへしか流れないと考えられていたので、それとは逆方向に情報が流す酵素をこのように呼んだ。専門的には「RNA依存性DNAポリメラーゼ」であり、RNAをゲノムに持つHIVなどが持っている。

ドしか持たないDNAやRNAとは違う。そこで、両者をつなぐには、なんらかの対応表が必要であることがわかる。この対応表はすでに解読されており、**遺伝暗号**と呼ぶ。表2・1に、代表的な暗号表を示してある。単純な順列組み合わせの考え方を用いると、四種類の塩基の並びが二〇種類のアミノ酸を区別するには、最小三個の塩基がひとまとまりとなって一個のアミノ酸に対応している必要がある。二個の塩基だけでは、四×四で一六通りであり、二〇種類のアミノ酸に対応できないが、三個になると、四×四×四で六四通りとなるからである。実際にそうなっていることが確かめられた。暗号(コード)の単位という意味で、この塩基三個の連なりを、「コドン」と呼ぶ。遺伝暗号には、このほかにタンパク質の長さを決める「終止暗号」がある。それでも二一種類であり、六四種類のコドンよりもずっと少ない。そこで表2・1の遺伝暗号表をよく見ると、同じアミノ酸に対して、複数のコドンが対応していることがわかる。このように、生物のシステムには、生命の誕生したころから、

表2・1　代表的な遺伝暗号表

1文字目	2文字目								3文字目
	U		G		A		G		
U	UUU	フェニルアラニン	UCU	セリン	UAU	チロシン	UGU	システイン	U
	UUC	フェニルアラニン	UCC	セリン	UAC	チロシン	UGC	システイン	C
	UUA	ロイシン	UCA	セリン	UAA	終止	UGA	終止	A
	UUG	ロイシン	UCG	セリン	UAG	終止	UGG	トリプトファン	G
C	CUU	ロイシン	CCU	プロリン	CAU	ヒスチジン	CGU	アルギニン	U
	CUC	ロイシン	CCC	プロリン	CAC	ヒスチジン	CGC	アルギニン	C
	CUA	ロイシン	CCA	プロリン	CAA	グルタミン	CGA	アルギニン	A
	CUG	ロイシン	CCG	プロリン	CAG	グルタミン	CGG	アルギニン	G
A	AUU	イソロシン	ACU	トレオニン	AAU	アスバラギン	AGU	セリン	U
	AUC	イソロシン	ACC	トレオニン	AAC	アスバラギン	AGC	セリン	C
	AUA	イソロシン	ACA	トレオニン	AAA	リシン	AGA	アルギニン	A
	AUG	メチオニン	ACG	トレオニン	AAG	リシン	AGG	アルギニン	G
G	GUU	バリン	GCU	アラニン	GAU	アスパラギン酸	GGU	グリシン	U
	GUC	バリン	GCC	アラニン	GAC	アスパラギン酸	GGC	グリシン	C
	GUA	バリン	GCA	アラニン	GAA	グルタミン酸	GGA	グリシン	A
	GUG	バリン	GCG	アラニン	GAG	グルタミン酸	GGG	グリシン	G

ある種の「あそび」が含まれているのだ。

塩基配列決定法の発明（一九七〇年代なかば）

ヒトからバクテリアまで、全生物の遺伝子がＤＮＡの上の塩基配列に暗号化されていることは、一九六〇年代に明らかになった。すると、この究極の生命情報を解読しようではないかということに興味が移る。ＤＮＡは電子顕微鏡で直接見ることができるが、残念ながらヌクレオチドの四種類を見分けることは、現在の技術では困難である。ところがＤＮＡは長いひも状の分子なので、長さの違いを比べることは比較的簡単だ。ＤＮＡはデオキシリボ核酸という名前どおり酸性の物質なので、電気をかけると電場の中で動く。この性質を利用してＤＮＡを長さの違いで分けることができる。この技術を「電気泳動」と呼ぶ。ＤＮＡの長さが短いほど、一般的に動く速度が速くなるので、十分長い時間かけて、ＤＮＡを「ゲル」と呼ばれる水ようかんのような物質の中で電気の力で泳がせると、人間の眼でも違いがわかるくらい、最初の位置から移動する。ゲルの組成や電圧のかけ方などのいろいろな条件を組み合わせると、一ヌクレオチドの違いでも区別できる。

こうなると、この電気泳動法を用いて、あとは塩基の並んでいる順番をどう効率よく決めるかという問題になる。すぐに思い浮かぶのは、ひも状のＤＮＡを、四種類の塩基をそれぞれ特異的に認識する試薬で切断するという方法だ。たとえば、仮に五個の塩基がＡＧＧＣＴという順に並んでいるＤＮＡの配列を決定することを考えてみよう。Ａ、Ｃ、Ｇ、Ｔそれぞれを切断する試薬を用いたあと、電気泳動をすると、Ａを切断する試薬を加えた場合には、ヌクレオチド一個の長さのＤＮＡ断片だけが見いだされるはずである。ところがＧを切断する試薬を加えた場合には、ヌクレオチド二個と三個の長さのＤＮＡ断片が見いだされる。これらの結果を重ね合わせることによって、最終的に塩基配列を決定することができる。この原理を用いて、米国のウォルター・ギルバートは塩基配列決定法を一九七〇年代に発明した。彼と一緒に方法を開発した研究者の名前も含めて、この方法は**マクサム・ギルバート法**と呼ばれている。

　同じころに、英国のフレデリック・サンガーは、まったく別の原理によって塩基配列を決定する方法を開発した。長いＤＮＡをいろいろな長さに切ることから発想を転換して、生物がＤＮＡを複製する方法を借りて、いろいろな長さのＤＮＡを作ってしまうというものである。ＤＮＡ分子をお手本にしてそのコピーを作ることは、生物がごく普通に行っていることだが、このＤＮＡ複製にたずさわる酵素を用いる。つまり、塩基配列を決定しようとするＤＮＡの複製をたくさん作るのである。

　ここで登場する重要な分子が、**ダイデオキシリボース**だ。これは、ＤＮＡのヌクレオチドを構成する糖であるデオキシリボースとよく似ているが、分子構造が少し違う。デオキシリボースのかわりにダイデオキシリボースを用いた偽物ヌクレオチドも、通常のヌクレオチドとともにＤＮＡ複製を起こさせる実験の際に加えておく。すると、この偽物ヌクレオチドがたまたまくっついてしまった場合、DNA複製酵素は正しいヌクレオチドではないと判断して、それ以上ヌクレオチドをつなげることを止めてしまう。こうして、いろいろな長さのDNAができることになる。さきほどのAGGCTという塩基配列を持つDNAの場合、グアニン（G）にダイデオキシリボースのついたヌクレオチドが最後に加わったDNAは、二種類の長さ（二個と三個）のものが作られる。

現在塩基配列決定に用いられるのは、ほとんどの場合、このサンガー法（ダイデオキシ法とも呼ばれる）である。塩基ごとに別々の蛍光色を発する試薬をくっつけておくと、レーザー光線をあてることによって正確にどのヌクレオチドであるかが判定される。自動的に大量のDNA塩基配列を決定する機械の大部分ではこの方式が用いられている（図2・1）。

おもしろいことに、サンガー自身が、ゲノム構造の決定に関係している。彼のグループは、まずφX174というファージ（バクテリアにとりつくウイルス）の塩基配列を調べて、そのゲノムが五三七五個の塩基からなっていることを一九七

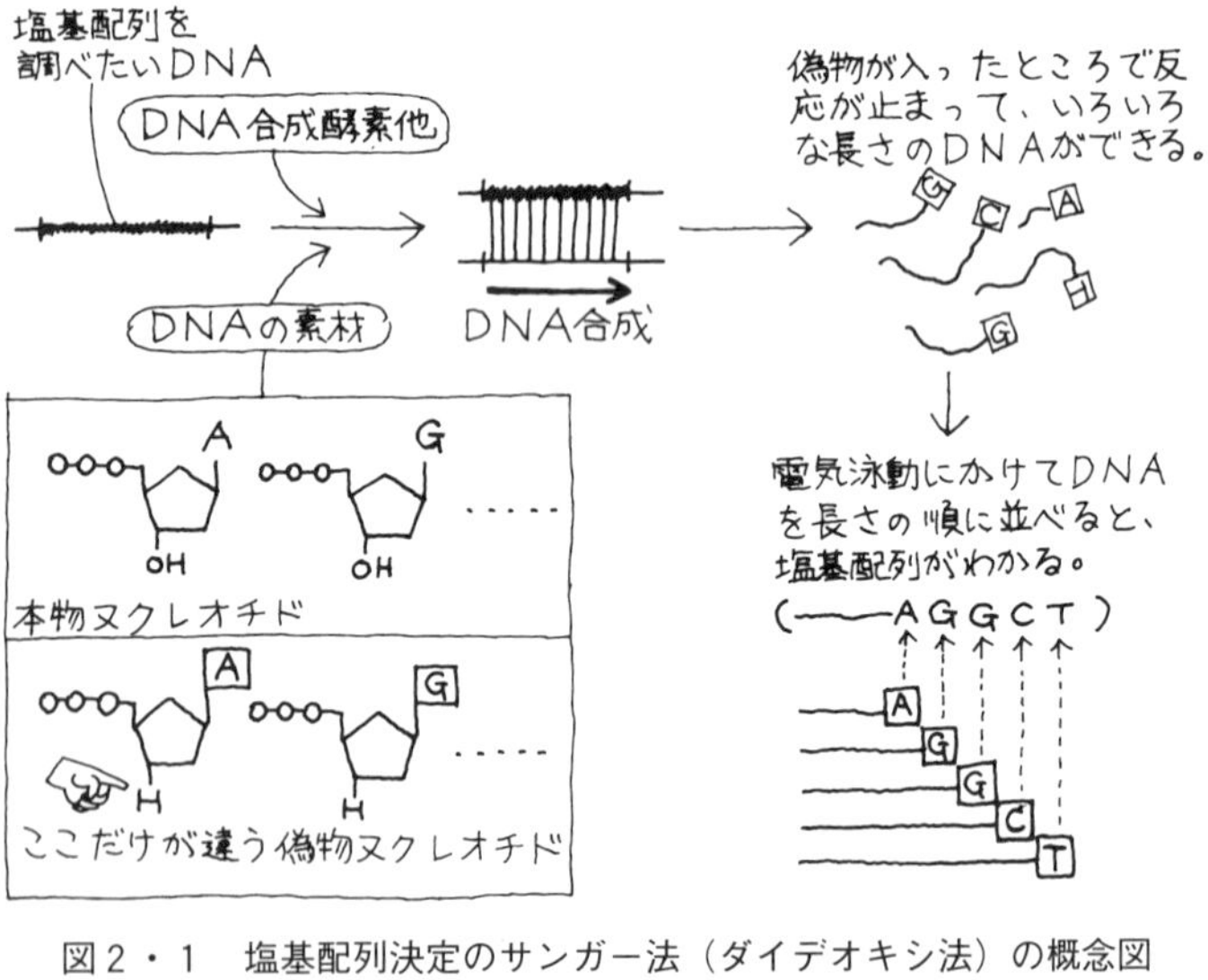

図2・1　塩基配列決定のサンガー法（ダイデオキシ法）の概念図

七年に明らかにした。これによって、彼の発明した塩基配列決定法の有効性を示したのである。次にその四年後には、このファージの三倍以上の大きさを持つ、哺乳類のミトコンドリアゲノム（およそ一六五〇〇個の塩基から成る）をヒト、マウス、ウシで決定している。現在、英国ケンブリッジの近郊にあるヒンクストン・コートに、彼の名前を冠した「サンガー研究所」があるが、ここはヒトゲノム配列決定の世界における主要センターとして活動した。このほかにも、次の章で紹介するエレガンス線虫、分裂酵母、マウスなどのゲノム配列決定にも中心的な役割を果たしており、ゲノム生物学の一大センターとなっている。

このように、塩基配列を比較的簡単に決定できる方法が登場して、いよいよゲノム全体の塩基配列を決定するという、狭い意味での「ゲノム研究」が始まる基礎が固まったのである。

中立進化論——ゲノム進化の根幹理論の誕生

進化の総合説

ここで、少し時間をさかのぼるが、ゲノム研究にとってきわめて重要な、ゲノム進化の研究史について考えてみよう。ゲノムの中の遺伝情報は、生物全体の生き方をかなりの程度まで決定しているが、それを形作ってきたのは進化だからだ。そして、ゲノム進化の大部分を担っているのが**中立進化**なのである。

ダーウィンの進化論は、二〇世紀に入って遺伝学が確立した後、**進化の総合説**として発展していった。進化の素材として突然変異が必要であることは認めるが、それらを選んで、生存に害があるものを取り除き、生存に有利なものを残してゆく**自然淘汰**というメカニズムを中核としている。一九三〇年代以降から一九六〇年代にかけて、自然淘汰論は進化の総合説という名称のもとで、淘汰万能論が支配的な考え方となった。しかし一九六〇年代に次々と分子レベルでの進化現象が明らかになるにつれて、以下に述べるように、進化の総合説という、一見美しく正しいかに見えた考え方が間違っていたことがわかってきた。

なお、本書で使っている「自然淘汰」という言葉は、「自然選択」と呼ばれることが多いが、以下で説明するように、ほとんどの突然変異の運命は「ただ消え去るのみ」であり、この意味で進化は基本的に保守的である。「淘汰」という言葉はこの意味をよく表しているので、私はこちらのほうを用いている。また、「選択」には生物学で他にも別の意味を持つ概念（配偶者選択など）があり、混乱する可能性があるという問題点がある。

分子進化学の誕生

二〇世紀後半には、DNAを直接扱う分子生物学が急速に発展した。それによって生物の進化をタンパク質や遺伝子などの分子レベルで研究する「分子進化学」が誕生した。最初のころはDNAの塩基配列を簡単に決定できる方法がなかったので、いろいろな生物のタンパク質のアミノ酸配列を決定して比較する方法がとられた。また、生物種内の遺伝的多様性についても、やはりタンパク質レベルで簡便に検索するゲル電気泳動法を用いて、人間やショウジョウバエなどいろいろな生物で研究が進められた。

その結果、自然淘汰の考えではうまく説明できない現象が多数発見されるようになった。同じ種類のタンパク質（たとえば、ヘモグロビンやインシュリンなど）のアミノ酸の違いをいろいろな生物で比較すると、アミノ酸の変化する量が、ほぼ時間に比例することがわかった。これは進化速度が一定であり、時計のように規則正しく時を刻んでいるように見えるので、この現象は**分子時計**と呼ばれることがある（図2・2）。このような一定性は、従来の、骨や歯の形の進化を扱っていた研究では考えられないものだった。また、進化の総合説で説明することは困難だった。このような進化速度の一定性のほかに、もしゲノム全体がタンパク質などの遺伝情報を担っているとすれば、毎世代毎世代で膨大な数のアミノ酸が変化しなくてはならないという推定も得られた。生存に有利なものが残ってゆくというダーウィン流の自然淘汰によって変化する場合には、特に哺乳類のように子供の数が少ない生物ではそのような変化を生じることはできないだろうと考えられた。これらの矛盾を解消できる新しい仮説として、木村資生氏は一九六八年に**中立論**を提唱した。なお、中立論は「中立説」と呼ばれることが多いが、すでに進化理論として確立しているので、最近は「中立論」あるいは「中立進化論」と呼ばれることが多い。

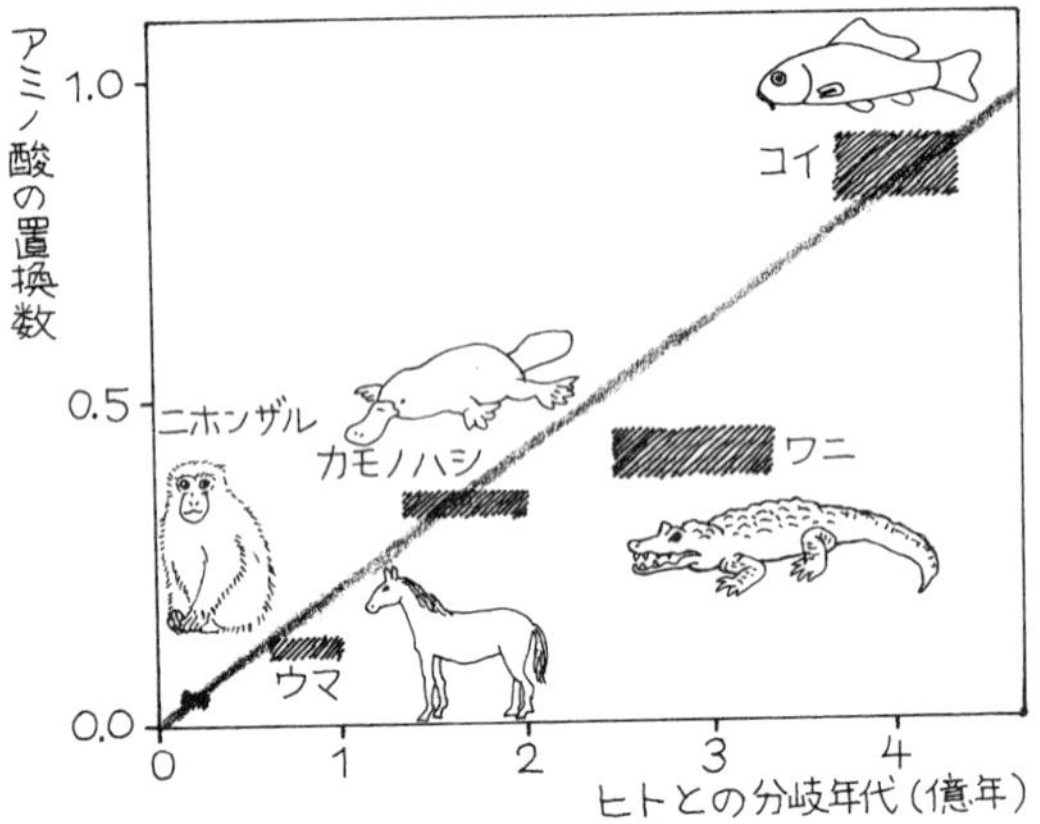

図2・2　分子時計

ヘモグロビンタンパク質のアミノ酸配列を人間と他のいろいろな脊椎動物と比べると、その違い（アミノ酸の置換数）が、古生物学の研究から推定されている人間との分岐年代にほぼ比例することがわかった。これを分子時計と呼ぶ。

中立進化

中立論では、進化の総合説が最重要視した自然淘汰よりも、突然変異を進化の原動力として考える。もっとも、突然変異は無秩序に生ずるので、多くの突然変異は生物にとって有害である。これら有害な突然変異は短時間のうちに消えてゆくので、長期的な進化には寄与しない。この過程を、良いものが選ばれてゆく正の自然淘汰と区別するために、「負の自然淘汰」あるいは「純化淘汰」と呼ぶ。この部分については、中立論でも進化の総合説でも同じである。

両者の見解が大きく異なるのは、進化に寄与する突然変異についてである。進化の総合説では、なんらかの意味で生存に有利な突然変異だけが進化の過程で生き残っていると考える。これを「正の自然淘汰」と呼ぶ。しかし突然変異が生じても、生物が生きてゆく上であまり影響がないこともある。これを淘汰上中立であると言う。DNAレベルでは、このタイプの中立突然変異は、生物の生存に有利な突然変異よりもずっと多いのである。このような中立突然変異を持つ個体が子孫を増やせるかどうかは、「遺伝的浮動」と呼ぶ偶然に支配される。たまたま運よく生き残る中立突然変異遺伝子もあれば、他のものより生存に有利に働く遺伝子であっても、運悪く消えて行くものもあるのだ。その結果、生き残る遺伝子の大部分は中立突然変異だというのが中立論の立場である。かつては遺伝的浮動の効果が軽視されたために、中立突然変異はみな短期間で消えてゆくと考えられていた。

中立論は少数ながら生存に有利な突然変異が生き残っていることも認めている。この意味で、中立論は進化の総合説を取り込んで、より一般化した考え方であるとも言えよう。

遺伝的浮動

遺伝的浮動は、生物の個体数が有限であることから生じる効果である。浮動とは、何かがふわふわ動くことだが、遺伝子の割合を表す「遺伝子頻度」が変化するのである。わかりやすく説明するために、具体的な状況を考えてみる。ある地域に男女が五〇人ずつ、一〇〇人で生活しているとする。これらの人々が親世代となって次世代の子供を生む。これらの人間の持つある特定の遺伝子座を考える。そこには二種類の対立遺伝子があり、黒丸と白丸で表す。黒丸や白丸が二個ある個体はホモ接合体であり、黒丸と白丸をひとつずつ持っている個体はヘテロ接合体である。一〇〇人が二個ずつ遺伝子を持っているので、全部で二〇〇個あるが、ここでたまたま黒丸が一二〇個、白丸が八〇個あったとしよう。このような対立遺伝子の割合を「遺伝子頻度」と呼ぶ。黒丸遺伝子の場合、遺伝子頻度は0・6（＝120／200）である。

次世代の個体が生まれてくるには、卵と精子が合体して受精する必要があるが、男女がいろいろえり好みをすることなく、適当に（専門用語で言うと「機会的に」）交わる相手を決めているとしよう。すると、遺伝子の動きだけを考えれば、親世代から子世代への遺伝子の伝達は、壷の中にたくさんある黒と白の球を取り出してくるという、「任意抽出」をしているにすぎないことになる。ここでは、偶然が遺伝子の伝わり方を左右するのである。ここで話を簡単にするために、黒丸遺伝子の頻度は男女ともに0・6であったとしよう。すると、卵でも精子でも、黒丸遺伝子を持っている確率は0・6となる。さて、一〇〇人の親から子供が一〇〇人生まれた場合、子供たちの世代での黒丸遺伝子の頻度はどう変化するだろうか？　遺伝子の総数は二〇〇個なので、親世代と同じ頻度ならば、一二〇個である。しかし、実際にそうなる可能性は必ずしもそう高くない。詳しいことは省くが、ここで考えている単純な状況では、数学で言えば「二項分布」を用いればよい。確率pが0・6で個数Nが200個のとき、得られる個数kがちょうど一二〇になる可能性（確率）は、わずか0・0575である（図2・3）。このほかの大多数（94％あまり）の場合には、子供世代での遺伝子頻度は親世代の0・6から変化するのである。

このように、生物の個体数が有限である以上、遺伝的浮動は必ず生じるのである。数億個体がひとりの人間の消化系に存在する大腸菌のような細菌であってもそうである。かつての理論では、世界が有限であることを無視して、多数の個体数を「無限個」と近似していた。このような近似は、うまく働く

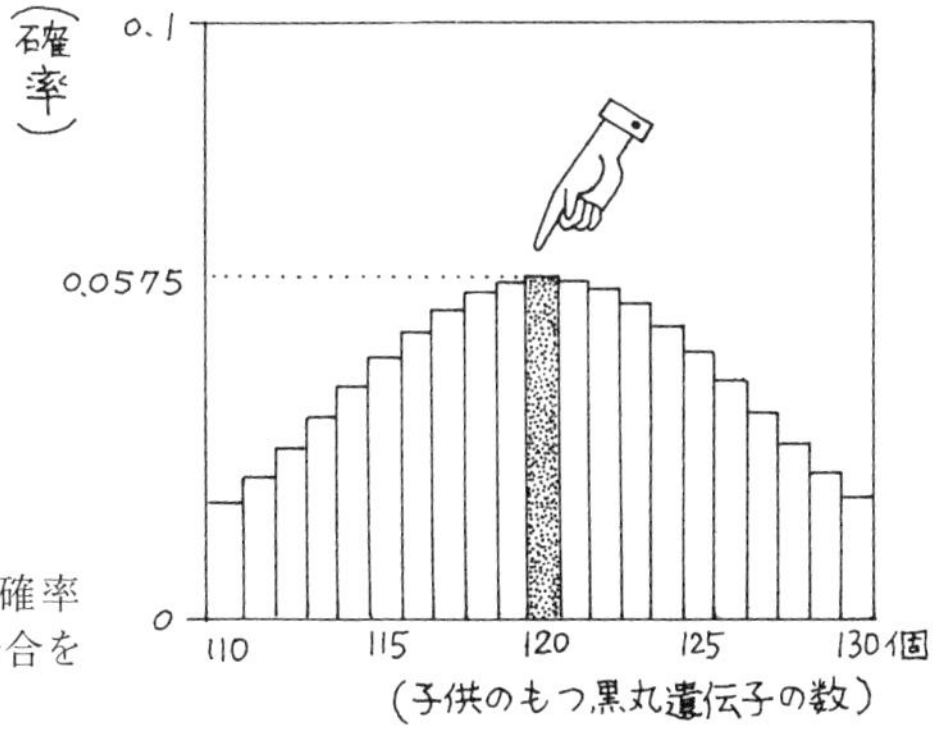

図2・3　二項分布
総数（遺伝子の数）200、確率（黒丸遺伝子の頻度）0.6の場合を示してある。

場合ももちろんあるが、長い進化の過程では有限の効果は無視できなくなるのである。

木村資生先生の思い出

木村資生先生（一九二四〜一九九四）は愛知県岡崎市の出身である。京都大学理学部を卒業して、農学部の助手をしばらくした後、国立遺伝学研究所のある静岡県三島市で死去するまで研究を行なった。一九五〇年代に米国ウィスコンシン大学に留学して行なった遺伝子進化の理論的研究で一躍その分野の第一人者となった。一九六八年に中立論を発表して、中立論者と淘汰論者の大論争が起こったが、一九八三年にケンブリッジ大学出版会から「分子進化の中立論」を出版したころには、中立論の正しさがほぼ確立された。

私が国立遺伝学研究所に赴任した一九九一年当時、木村資生先生はまだ研究所に頻繁に来られていたが、その後病気をわずらい、来所の頻度が減ってしまった。中立論の紹介を書いた文章（紀伊國屋書店『禅と生命科学』一九九三年所収）の載った本を木村先生に差し上げてからしばらくして、国立遺伝学研究所の廊下でお会いして本のお礼をされ、「僕はうれしくてねえ、二回も読んじゃったよ」と言われたのが、木村先生と言葉を交わした最後となった。

私が中立論を知ったのは、理学部生物学科の人類学課程に進学が決まった、大学二年の秋ごろである。中立論の発表から八年が経過していたが、教養課程の授業でも、読んだ本でも聞いたことがなかった。人類学の一年先輩だった故鎌田修氏と学生室で話していたときのことだ。私が進化に興味があるというと、「中立説を知っているか」と言われた。聞いたこともないと答えると、そのとき彼の学年が、尾本惠市教官のレポートの課題で読まされていた、木村先生が岩波書店の『科学』に書かれた文章を見せてくれた。私はさっそくコピーをとらせてもらってそれを読んだ。正の自然淘汰なしで進化が説明できるという考え方に、私は目から鱗が落ちる思いがした。また、「中立」という言葉にも引きつけられた。ちょうどそのころ仏典の概説をいくつか読んでいて、空の思想を示したナーガルジュナ[1]にあこがれたりしていたからである。彼は「中論」という書を表している。存在をとことんまで否定し去る空の思想と、自然淘汰を否定する「中立論」は、否定という意味で、また「中」という意味で、なんらかの関係があるような気がした。しかし、このような思想的な背景は、あくまで二次的なものだった。なんといっても、「中立論」の示す合理性と、データとの整合性の迫力が魅力であった。それからは、少しでも中立論を理解しようと、木村先生の書かれた『集団遺伝学概論』や『遺伝学から見た人類の未来』を買って読んだ。こうして、学部三年の後半には、すっかり進化学をめざすようになった。

大学四年になって、木村先生が植物学教室の主宰する特別講義で何日間か来られることになった。私はもちろん一番前の机に陣取って、どんな人が来るのだろうか、と待ちかまえた。教室へ生物学科植物学教室の飯野徹男教授とともに入ってきたのは、

[1] ナーガルジュナ　西暦二～三世紀ころ。南インド地方の出身。中国語では龍樹と呼ぶ。中観派の中心人物。大乗仏教の思想家であり、中観派の中心人物。

蝶ネクタイをつけた不思議な風貌の人だった。数年前に刊行された『ヒト遺伝の基礎』に書かれた『集団遺伝学理論入門』をテキストに講義は行なわれた。講義の末尾に中立論の説明をされたとき、私は「中立進化とは、いわゆる進化とは違うのではないのでしょうか」という質問をした。しかしそれは木村先生の逆鱗にふれ、強い調子で叱りつけられてしまった。私の質問に対して突然いらいらした表情を示され、進化は変化だということを言われた。私は現在では、進化とは変化にすぎないこと、またどんなささいに見える遺伝子の変化でも、将来大きな意味を持つかもしれないこと、さらには、タンパク質の機能が変化していわゆる「表現型」が変化しても、淘汰上中立である場合が多数あるだろう、と考えている。

大学院の修士課程では、集団遺伝学の理論をもっと学ぶため、当時放射線医学総合研究所におられた安田徳一博士の研究室へほぼ毎週土曜日に通った。使った教科書は木村先生がウィスコンシン大学のJ・F・クロー博士[2]と共著で出した英語の本だった。修士課程を終わるころになって、外国留学を考えはじめた。当時、木村資生先生のおられた国立遺伝学研究所は、まだ大学院生をとる制度（現在の総合研究大学院大学）がなく、また木村先生ご自身が、学生を教えるということはお好きではないらしかった。そこで、一九八二年の夏、米国テキサス大学ヒューストン校の根井正利教授[3]のもとへ留学した。私は中立論者のところに留学したかったのだが、根井博士は当時、中立進化を検定する論文を多数発表しており、おそらく中立論者であろうと考えたので

[2] J・F・クロー　一九一六～。米国出身の集団遺伝学者。ウィスコンシン大学で長く教鞭をとったあいだに、日本人の学生やポストドクを多数指導した。

[3] 根井正利　一九三一年宮崎県生まれ。宮崎大学農学部卒業後、京都大学農学部の大学院に進む。大学院時代はダイコン

ある。実際に、根井博士の研究室は中立論者の牙城だった。

その前年秋に、私は初めて国立遺伝学研究所を訪れた。当時集団遺伝研究部門におられた青木健一博士（現在東京大学大学院生物科学専攻の教授）の紹介で木村先生にお会いしたが、「あ、そう」という感じで、青二才は相手にしないという態度だった。それでも、紅茶を飲む席に同席させていただいた。木村先生が、乳児用粉ミルクを大量に紅茶に入れてミルクティーにされていたのが印象的だった。私が博士号（ＰｈＤ）を取得して帰国したのは一九八六年の秋だが、その直後に三島へいって、木村先生にお会いした。そのときにはまあまあ一人前に扱ってくださった。

テキサス大学留学中に、インフルエンザウイルスの塩基配列データを解析する論文を発表した。論文が分子進化の国際誌に掲載されることが決まったあとに、原稿を木村先生にお送りしたところ、「なぜ自分の論文を引用しないのか」という強い抗議のお手紙をいただいた。私としては、ウイルスであれ中立進化するのは「あたりまえだ」と考えていたので、あえて引用していなかったのである。あわてて、『分子進化の中立説』の原書を校正の際に引用に加えた。後年この論文を、木村先生は頻繁に引用してくださった。ありがたく思っている。

一九九一年の一月に、私は国立遺伝学研究所に移った。木村先生のおられる、中立論発祥の地である三島で研究できるとは、望外の喜びであった。三島に来てからの、中立論とのかかわりで最大だったのは、中立論の許容に関する文化差についての調査

の量的遺伝学を研究したあと、農学部の助手を経て、国立放射線医学総合研究所に移り、集団遺伝学の研究を行なった。一九六九年に米国ブラウン大学へ移り、その後一九七二年から一九八九年までテキサス大学ヒューストン校の人口学集団遺伝学センター教授を経て、一九九〇年以降現在までペンシルヴァニア州立大学の分子進化遺伝学研究所長。生物集団間の遺伝距離の研究や分子進化の理論的研究および膨大なデータ解析の研究で著名である。

である。これは、一九九一年春に三島を訪れていたコーネル大学のウィリアム・プロヴァイン教授に声をかけ、国立遺伝学研究所の舘野義男博士も加わってトヨタ財団から研究助成金を得たものである。これによってアンケート調査やインタビューを行なった。

死後も「学問的名声」という形で自己の一部分が生き残ってゆくことは、研究者の生き甲斐のひとつかもしれない。中立論の重要性を考えれば、木村資生先生の学問的名声が、この人類文明が存続を続ける限り、今後千年間以上の長きにわたって後世に伝わってゆくであろうことを私は確信している。そのような偉大な研究者と同時代であったわれわれは、とても運がよかった、といえるのではないだろうか。

遺伝子重複——ゲノム進化におけるその重要性

遺伝子重複の発見

遺伝子がその子孫を増やして行くときには、普通は親から子へと伝えられることによる。しかし、ときには二個の子孫遺伝子が同じ子供のゲノムに同居することがある。これが**遺伝子重複**である。遺伝子重複は、最初一九三〇年代に、モーガンのもとでショウジョウバエを研究していたスターテバントが発見した。棒眼という、眼の形が通常のものとは異なり、細長くなるハエで、同じ遺伝子が二つになっていることを示した。

その後、タンパク質のアミノ酸配列を比較的容易に決めることができるようになると、ヘモグロビンを構成するアルファグロビンとベータグロビンが遺伝子重複で出現した兄弟タンパク質であることがわかった。さらにミオグロビンという筋肉中に多く存在するタンパク質も親戚関係にあることがわかった（図2・4）。今日では、これら進化的に関係しているタンパク質の遺伝子は、グロビン遺伝子族と呼ばれている。この遺伝子族の起源はとても古い。動物と植物が分かれた一二億年ほど前以前から存在しており、さらにはバクテリアにも遠い親戚が存在する。このように、遺伝子はたどることさえできればどんどん遠い親戚を探り当てることが、原理的には可能である。

ＡＢＯ式血液型はよく知られていると思うが、その遺伝子がどんなものなのかということになると、あまり知られていないのではなかろうか。実は、この血液型の遺伝子は、ガラクトースやそれに似た形の糖分子を別の糖にくっつける、「糖転移酵素」遺伝子のひとつなのである。ＡＢＯ式血液型の遺伝子は、それと少し似た別の糖転移酵素遺伝子とおよそ三億年前から五億年前ころに、遺伝子重複によって誕生したのである。このように、遺伝子重複というのは、長い進化のあいだにはたいていどの遺伝子でも経験する、普通の進化現象である。

大野乾のゲノム重複説

遺伝子重複が、このように遺伝子族を形成するの

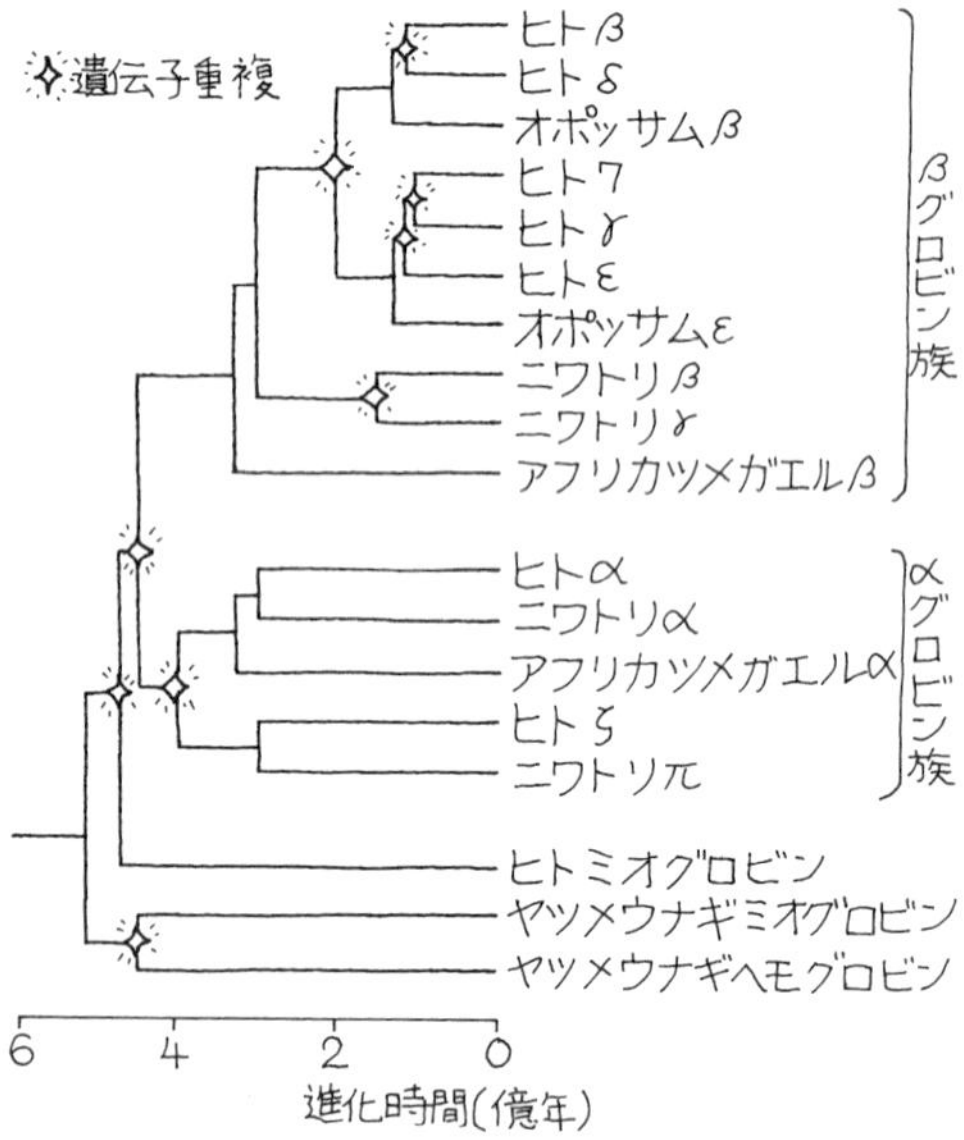

図２・４　脊椎動物におけるグロビン遺伝子族の系統樹

に重要であることがだんだんわかってきたころに、米国で長く染色体進化の研究をしていた大野乾博士[1]が、『遺伝子重複による進化』という書を著した。一九七〇年のことである。この本は日本でもススム・オオノ著として翻訳されており、私は大学三年生のときに読んだ記憶がある。そもそも内容がすばらしいのだが、同時に山岸秀夫博士と梁永弘博士の名訳であり、また日本語版への序からしてしゃれている。「現時点でまさに後半生を英語圏ですごしたことになるのだということが突然心に浮かびました」という部分は、かっこよかった。私は当時すでにがちがちの中立進化論信奉者だったので、中立進化を全面的に受け入れて論じられた大野博士の遺伝子重複による進化説は、きわめて魅力的だった。

さて、遺伝子重複は二種類に分けられる。ある遺伝子から二つの遺伝子コピーが生じてそれらが同じ染色体の中で並ぶ場合を「直列重複」と呼び、植物の倍数化のように、すべての染色体が重複することを**ゲノム重複**と呼ぶ。いろいろな理由から、大野氏は長い進化の過程ではゲノム重複の方を重要視した。実際に、いろいろな生物群でゲノム配列がわかってくるにつれて、ゲノム重複の重要性があらためて指摘されるようになり、そのつど『ゲノム重複による進化』が引用されている。ただ、大野博士がゲノム重複に比べて相対的に軽視した直列重複も、きわめて重要でしかも普遍的であることが最近では明らかにされている。

[1] **大野乾** 一九二八〜二〇〇〇。東京農工大学卒業後、渡米し、染色体進化の研究をシティオブホープのベックマン研究所を中心として長年行なった。遺伝子重複が進化の上で重要であることを主張した。日本語による著作も多い。

ヒトゲノム計画——さまざまなゲノム計画の展開

ヒトゲノム計画のはじまり

ヒトゲノムの塩基配列をすべて決定しようとする「ヒトゲノム配列決定計画」はどのように始まっただろうか？　それは、科学知識と人間ドラマの織りなすタピストリーである。

ギルバートやサンガーが塩基配列を比較的簡単に決定する方法を発明すると、ヒトゲノムの全塩基配列を決定するという計画が複数の人々から提唱されるのは、時間の問題だったと言えよう。私は一九八〇年代前半に米国に留学していたが、当時のヒトゲノム計画への熱狂をにがにがしく思っていた人類遺伝学者が多数いた。その理由は、自分たちの研究費が削られるかもしれないという現実的・政治的観点からである。

その後、がらくたDNA[1]を多数含むヒトゲノムの塩基配列を片端から決定するのは時間と研究費の浪費だという観点から、タンパク質のアミノ酸配列情報を乗せているRNAだけの塩基配列決定という計画も立ち上がった。これも、広い意味でヒトゲノム計画に含まれる。しかし、ゲノムを構造ととらえると、最終的には染色体の上のひ

[1] がらくたDNA　ゲノム中で遺伝子が機能するために必要な情報を載せていないと考えられるDNAの領域。英語で junk DNA の訳。大野乾博士の造語。

とつながりの塩基配列が解読されなければ、本来の意味でゲノムを明らかにしたとは言えないのである。

ヒトゲノム計画が叫ばれるようになった一九八〇年代後半から一九九〇年代前半にかけては、古典的な遺伝学の考え方を用いて、塩基配列を決める前に、まず連鎖地図（遺伝子と遺伝子が同一の染色体の上でどのような順序・間隔で並んでいるのかを示したもの）を、いろいろな制限酵素でDNAを切断するなどして、少しずつ詳しくしてゆき、そうしてつなげたDNA断片についてひとつずつ塩基配列を決定してゆく、という戦略がとられた。この場合、全部のゲノム配列を決定するには、三〇年くらいかかるだろうと推定されていた。

ところが、ここに逆転の発想が生まれた。まずDNAの塩基配列をめくらめっぽうに多数決定して（ショットガンでばかすか撃つさまに似ているので、その名もショットガン法と呼ばれる）、それらをコンピュータのソフトでつないでゆくというものである。もちろんヒトゲノム全体を相手にしていたのでは大変なので、最初に一〇〇キロベース（一キロベースは一〇〇〇個の塩基の連なり）ほどのBAC（バクテリア人工染色体）というまとまりに分断しておく。ただしここでも、これらBACのあいだの関係は問わないのである。あとでそれらをまたつなげるだけでよいのだ。つまり、従来の発想がトップダウンでだんだんこまかくしてゆこうとしたのに対し、ここでは、ボトムアップでゲノム配列を決めるのである。これは、遺伝子の本体がDNAであり、

ＤＮＡの塩基配列がＡ、Ｃ、Ｇ、Ｔという四種類の文字列としてデジタルに記述できるという特性があるからできるのである。この新しい方法を武器にして、今や政府の研究費を用いる公的研究機関と私的な研究費を用いる民間の研究機関がしのぎをけずって、ヒトゲノム計画だけでない、ありとあらゆるゲノム計画を進めている。

一九九六年にカリブ海のバミューダで開催されたヒトゲノム計画の会議には、ジェームス・ワトソンのほかに、日本のヒトゲノム計画の第一人者である榊佳之教授、榊教授と共同研究を続けている国立遺伝学研究所の藤山秋佐夫教授（現在は国立情報学研究所）、ワトソンを継いで米国ヒトゲノム研究所長となったフランシス・コリンズ、現在英国サンガー研究所の塩基配列決定チームを率いるジェイン・ロジャース、欧州生命情報研究所長のグラハム・キャメロンらが参加した。榊氏は東京大学医科学研究所ヒトゲノム解析センターの教授と、理化学研究所ゲノム科学総合研究センターのプロジェクトディレクターも兼任して、日本におけるヒトゲノム計画を推進した。

計画をめぐる人間模様

ヒトゲノム計画の一方の大立て者であるクレイグ・ヴェンターは、なかなかおもしろい人物である。彼はもともとは米国政府が設立したＮＩＨ（国立健康研究所）の研究員だった。ヒトゲノム研究が始まった一九九〇年ころ、ヒトの多数の遺伝子について、ＥＳＴ（発現された配列タグ）と呼ばれる、メッセンジャーＲＮＡの部分配列を、同時に数千個決定した。当時としては画期的に大きな数である。これだけにとどまらず、彼はそれらの配列について特許を申請したのである。塩基配列だけを決定して特許をとれるとは誰も思っていなかったので、皆びっくりした。実際、紆余曲折はあったが、結局それらの配列の機能がある程度明らかにされなければ、特許はとれないということに現在は落ちついている。いずれにせよ、このように新規なアイデアやデータを発表して物議をかもす研究者、という印象があった。そのうちにヴェンター氏は国立の研究所を飛び出し、民間のゲノム研究所を設立した。ゲノム研究所という英語名の略称がTIGER（タイガー）である。実際に、この会社のホームページ（www.tigr.org）には、以前DNAとたわむれる虎の絵があった。このタイガーで、彼らはバクテリアのゲノム解読に取り組み、ついに一九九五年、世界で初めてバクテリアのゲノムを決定した。ヘモフィルス・インフルエンザという細菌である。インフルエンザ（流行性感冒）は、現在ではウイルスが原因であるとわかっているが、この細菌が原因だと思われていた時期もあり、名前はその名残りである。

その後ヴェンター氏は塩基配列自動決定装置の制作会社であるABIと手を組み、セレラ・ジェノミクスという別会社を新設した。ここで彼らは、ヒトゲノム配列決定を最終目標に掲げたが、まずその予行演習として、ヒトゲノムよりもずっと小さいが、遺伝学研究で昔から使われているショウジョウバエのゲノムを、わずか二ヶ月ほどで決定してしまった。もっとも、彼の会社が生成したゲノム配列は、実際には多数の切れ目があり、ずらっとつながっているわけではない。しかしこれに意を強くした彼らは、ついにヒトゲノムの解読にとりかかったのである。

一方、民間の会社に成果をさらわれては大変と、米国のNIH（ヴェンター氏の古巣）と英国のウェルカムトラストという、製薬会社が一大スポンサーである財団が手を組み、セレラよりも早くヒトゲノムを決定しようとした。このため、これら二カ国だけでなく、日本、フランス、ドイツなどにも声をかけて、国際共同チームを結成し、各国が分担してゲノム配列の決定を進めた。日本は当初ヒトゲノム全体の10％程度を分担する予定だったが、日本政府が十分な研究費を支出しなかったため、最終的には全体の6％を分担するにとどまった。

私の所属する国立遺伝学研究所内で運営されているDDBJ（日本DNAデータバンク）は、米国の国立バイオテクノロジー情報センターおよび欧州生命情報研究所とともに、「DDBJ／EMBL／GenBank国際塩基配列データベース」を構築している（図2・5）。現在の生物学にはコンピュータの利用が不可欠となりつつあるが、特に塩基配列はデジタル情報として明確に記述できるため、量の膨大化とあいまって、いかなる生物といえどもコンピュータを利用しなければその研究はもはや不可能である。そこで、米国・欧州・日本の三大データバンクが国際協力を行なって、一年ほどのあいだに倍増する巨大な塩基配列データベースを運営している。ヒトゲノム配列決定計画でも、このデータベースはきわめて重要な位置を占めており、このため、二〇〇一年二月に日本でヒトゲノムの草稿配列完成の発表が行なわれた際には、ＤＤＢＪを代表して国立遺伝学研究所の菅原秀明教授も記者会見に参加している。また、二〇〇三年六月にヒトゲノム配列決定の終了宣言が行なわれ、小泉純一郎内閣総理大臣に報告されたときも、ゲノム決定を進めた日本の三大センターの責任者である榊佳之教授、清水信義教授（慶応大学医学部）、猪子英俊教授（東海大学医学部）のほかに、菅原秀明教授もＤＤＢＪを代表して列席している。

ヒトゲノム解読の成果

さて、いよいよヒトゲノム解読の結果である。一九九九年には第二二番染色体の大部分が、米国、日本（慶応大学の清水信義教授を中心とするグループ）、ドイツの国際共同グループによって決定された。つづく二〇〇〇年には、日本の理化学研究所ゲノム科学総合研究センターのグループが最大の貢献をした、ヒト第二一番染色体長腕のゲノム配列が決定された。この研究によって、遺

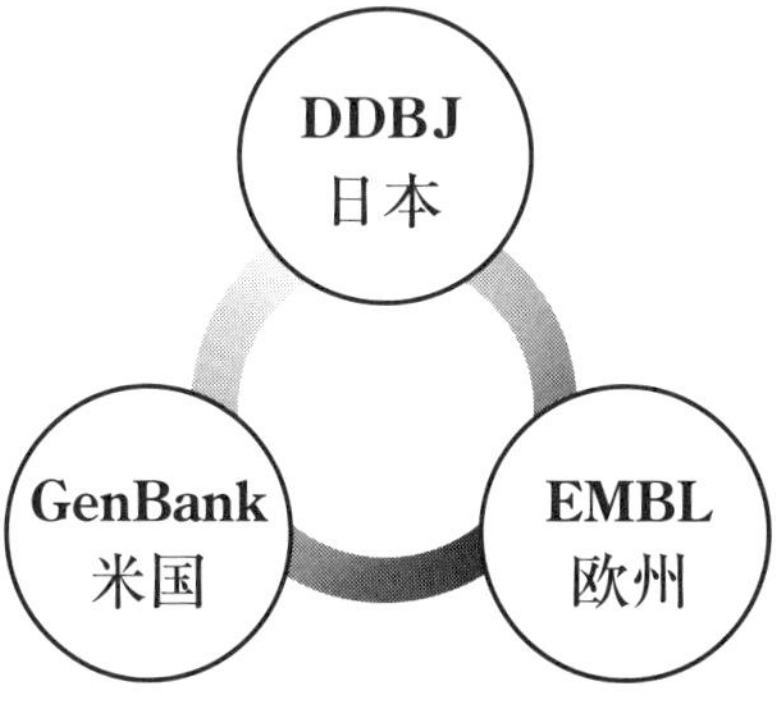

図２・５　DDBJ／EMBL／GenBank国際塩基配列データベース

米国、欧州、日本の三極が、塩基配列データベースを国際共同構築している。米国ではNLM（国立医学図書館）のNCBI（国立バイオテクノロジー研究センター）がGenBankデータベースを構築しており、欧州ではEMBL（欧州分子生物学研究所）のEBI（欧州生命情報研究所）がEMBLデータベースを構築している。日本では、情報・システム研究機構に属する国立遺伝学研究所の生命情報・DDBJ研究センターがDDBJデータベースを構築している。年に１回、日・米・欧の持ち回りで、国際諮問委員会と国際実務者会議が開催されている。

伝子の少ない領域、いわゆる「遺伝子砂漠」が存在すること、また全ゲノムの遺伝子数が約四万と推定されたことが、大きな成果であろう。遺伝子数については、この推定の正しかったことが、翌年わかることになる。

同じく二〇〇〇年六月には、国際チームによるゲノム全体の「概要配列」が決定したという国際共同声明があった。米国ワシントンDCのホワイトハウスに、国際チームの代表であるフランシス・コリンスと民間チームの代表であるクレイグ・ヴェンターが招かれ、当時のクリントン大統領とともに記者会見をしている。同時に、英国でもブレア首相を中心に国際共同研究の成果が喧伝された。

ヒトゲノムの概要配列に関する長大な論文が二〇〇一年に発表されたが、この論文が掲載されたネイチャー誌の表紙がおもしろい。多数の人間の写真コラージュでDNAの二重らせんを表現しているのである。右下の方には、メンデルの写真もある。ワトソンとクリックの写真もどこかにあるらしいが、私は見つけられなかった。

この、多数の人間の写真を使うというアイデアは二〇〇二年末にマウスのゲノムが決定されたことを伝えたネイチャー誌の論文の表紙でも使われた。マウスのゲノムもヒトゲノムと比較することではじめて意味がある、というわけだろう。

ゲノム研究に重要なこと

世界の多くのゲノムセンターで用いられているキャピラリー（グラスファイバー性

の細い管）型の塩基配列決定装置には、日立製作所の神原秀記氏が開発した技術である「シースフロー」方式が使われているものが多い。これは、キャピラリー管を微小部分のみ切断することにより、キャピラリーの壁を通すことなくそこにレーザー光線を直接にＤＮＡの入っている溶液にあてることにより、解読精度を飛躍的に向上させている。今後日本企業のこの分野へのますますの貢献が期待されるところである。

このようなハードウェアの重要性はこれまでも、また今後も続くだろうが、一方で、ますます重要性を増すのはソフトウェアの領域である。ゲノム研究にとって、コンピュータを用いたデータベースの構築・運用とデータの大規模高速解析は、必須である。この分野は**生命情報学**（バイオインフォーマティクス）と呼ばれ、世界全体で急速に発展している。ただ残念なことに、日本ではまだまだハードウェアに比べると重要性が十分認識されているとは言えないようだ。

現在はゲノムと遺伝子の大航海時代である。雨後のタケノコのように、ゲノム計画が次から次へと提案され、実行されている。大量の研究費を用いるゲノム研究では、ハードウェアやソフトウェアは重要だが、それにもましてカリスマ的な旗振り役の存在や、共同研究者間の関係が重要になる。たとえば、バクテリアのゲノム計画は、最初日本が大腸菌のゲノムを決定するという計画を世界に先駆けて一九九〇年代のはじめに立ち上げ、かなりの研究費が費やされた。しかし、最初に全ゲノム配列が決定されたのは、大腸菌よりも少しゲノムサイズの小さいインフルエンザ菌（ヘモフィルス・インフルエンザ）であり、クレイグ・ヴェンターという行動力のある研究者に率いられた米国の民間企業の成果である。これは、日本と米国の文化風土の違いといったものではない。日本でも、ラン藻バクテリア（シネコシスティス）のゲノム配列を、千葉県が出資しているかずさＤＮＡ研究所のグループが決定している。

バクテリアの中でも研究者が大腸菌についで多い枯草菌のゲノム配列決定はみごとな日欧の国際共同研究で実現している。シロイヌナズナについても、欧米日のグループが分担してゲノム配列が決定された。ただ全体をみまわすと、ゲノム配列決定には、なんとなくアングロサクソン（米国と英国）の貢献が多いようだ。ヒトゲノムがよい例である。各国政府の研究費など公共の研究費を用いたグループでは、米国と英国の貢献が全体の90％を占めた。もう片方のグループは、やはりクレイグ・ヴェンターが率いたセレラ・ジェノミクスという米国の会社である。二〇〇二年に決定されたマウスとラットのゲノム配列も、そのほとんどを米国と英国の研究グループが担当している。このように見ると、ゲノム研究に対する文化の違いをなんとなく感じるのは、私だけだろうか。

表２・２　ゲノム配列決定年表

2004年＊	チンパンジー、カイコ、メダカ、ニワトリ、イヌ
2003年	ヒトゲノム（ほぼ完全配列）
2002年	マウス、ラット、イネ、カタユウレイボヤ、ミドリフグ、アカイエカ、分裂酵母
2001年	ヒトゲノム（概要配列）
2000年	キイロショウジョウバエ、シロイヌナズナ（最初の植物）、ブフネラ、根粒菌
1998年	エレガンス線虫（最初の多細胞生物ゲノム）
1997年	パン酵母（最初の真核生物ゲノム）、枯草菌、大腸菌
1995年	ヘモフィルス・インフルエンザ（最初のバクテリアゲノム）
1986年	タバコ葉緑体ゲノム
1980年代	多数のウイルスゲノム
1981年	ヒト・ミトコンドリアゲノム（16500塩基）
1978年	ファイX751（ファージ）

＊予想を含む

第3章　ゲノムの実体

この章ではいろいろな生物のゲノムについて紹介してゆくが、これら生物群の系統関係についてはじめに簡単に説明しておこう。生物は、細胞の形ではないために非生命との境界にあるといわれるウイルスと、細胞を持つ真の生物に分かれる。細胞を持つ生物は、細胞核を持つか持たないかで真核生物と原核生物に分かれる。後者は系統的に大きく真正細菌と古細菌に分かれる。前者は、原生生物、植物、真菌類、動物を含む。われわれ人間は動物に含まれるが、多数の種類があり、人間が属するのは脊索動物である。これら多様な生物のゲノムについて紹介する。

生命の系統樹――バクテリアからヒトまで

生物には、細胞を持つ本来の生物と、ウイルスやファージのようにそれだけでは生存できない中途半端な体制のものがある。後者の起源については、細胞体制からの退化あるいは飛び出し説と、むしろウイルスのような単純な体制の方が最初だったという二つの対照的な考え方があり、どちらが正しいのかは現在でもわかっていない。

細胞を持つ生物には、細胞核を持つ**真核生物**と、明確な核を持たない**原核生物**（バクテリア）があるが、後者はさらに大きく**真正細菌**（ユーバクテリア）と**古細菌**（アーキア）に分けられる。真正細菌には、大腸菌、結核菌、納豆菌、乳酸菌といった、人間になじみ深いものから、高温や強い酸性液などの特殊な環境にしか生息しない生物まで、多種多様である。古細菌は、比較的最近になって、カール・ウース博士（イリノイ大学）がDNAの比較からその存在が明らかになった細菌のグループである。

真核生物には、原核生物と同じように単細胞である原生生物、動物、植物、真菌類が含まれる。われわれ人間（ヒト）も、動物なので真核生物である。われわれ真核生物は、**ミトコンドリア**という細胞内小器官を持つが、これはあるバクテリアが真核生物の祖先細胞に入り込んで細胞内共生をした名残りだと考えられている。植物が持っている葉緑体も、過去に光合成を行なうバクテリアであるラン藻が細胞内共生を生じた名残りである。

原生生物は、よく「原生動物」と呼ばれることがある。これは、英語の名前がプロトゾアであり、「ゾア」とは虫や動物のことなので、そのような名前が定着したようである。しかし、動物というのは多細胞で生活しているものを指すので、混乱が生じる。そこで最近は単細胞の真核生物を原生生物と呼んでいる。なじみ深い生物としては、ゾウリムシ、アメーバ、ボルボックスなどがあるが、マラリアを引き起こす「マラリア原虫」も原生生物である。ここで再び混乱を招きやすいのは、原生生物以外にも単細胞の真核生物が存在することである。それは酵母だ。遺伝学の研究で昔から使われているパン酵母は、系統的にはキノコやカビの仲間である真菌類に属する。シイタケやアオカビのように、多細胞の目に見える形を持った生物が多い真菌類だが、いわば「祖先返り」して単細胞の生活にもどったものを総称して「酵母」と呼んでいる。ただ、遺伝学の分野で単に酵母というと、パン酵母を指すことが多い。これとは遠く離れた系統で、やはり酵母という単細胞の形態をとっているもので、遺伝学の研究に使われることのあるのが、分裂酵母である。また冬虫夏草という、昆虫に寄生するカビの仲間が昆虫の細胞内に完全に入り込んでしまった例が、深津武馬博士（産業総合研究機構生物機能工学研究部門）らによって最近発見されたが、これも単細胞の酵母の形になっている。

われわれ人間は神経系を持ち、数十兆というおびただしい数の細胞がまとまった「個体」として活動しているので、その形があたりまえだと思うかもしれないが、生命が誕生してから長い間単細胞だったのであり、現在でもほとんどすべての原核生物は単細胞だし、原生生物もそうである。人間だって、精子は一個の細胞として、短い時間ながらしっかり生きている。いずれにせよ真菌類では、多細胞といっても細胞が団子状態になっている程度で、それらのあいだの統合は弱いようだ。このために、状況が許せば単細胞にもどるのだろう。

図3・1に、真正細菌、古細菌、および真核生物に属する原生生物、動物、植物、真菌類についての系統関係を示した。一〇〇年以上前には、動物以外は細菌まで含めてすべて広く「植物」と考えていた時代もあったが、細菌が発見されてからは、原核生物と真核生物が明瞭に分けられた。それでも、真核生物の中で動物以外は植物と考えることが多く、真菌類（カビやキノコの仲間）が植物とはまったく異なるものだというのが一般的な認識になったのは、おそらく五〇年ほど前のことではなかろうか。さらに、現在では狭い意味での「植物」は陸上植物だけを指し、藻類は含まない。私が中学や高校のころに生物学を学んだころには、藻類はりっぱな植物だったが、現在の生物学ではそうではないのである。

一方、動物についても、先ほど説明したように、「原生動物」は本当の、多細胞で

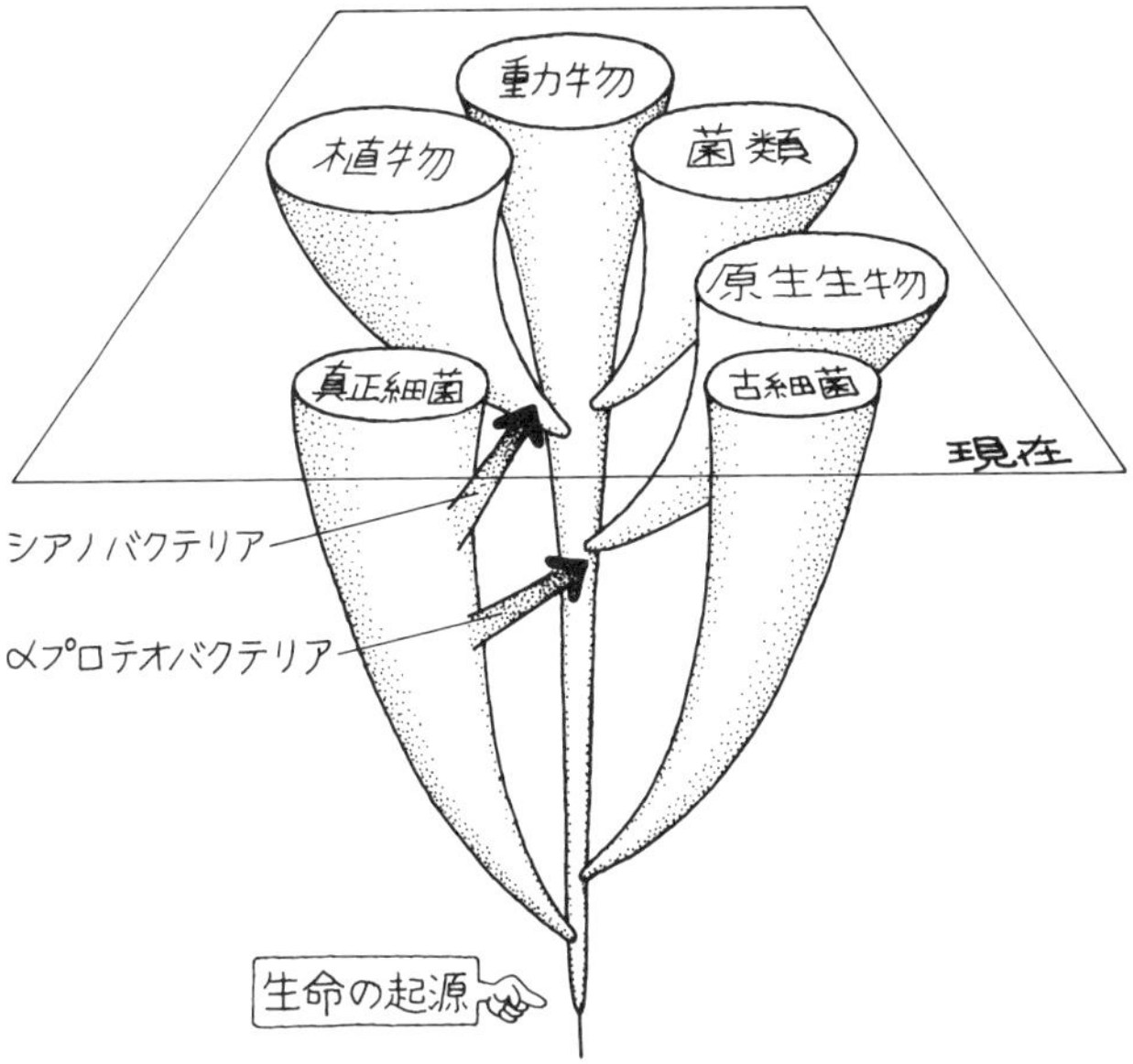

図３・１　生物全体の系統関係

最初は現在のバクテリア（原核生物）のような単細胞だったが、そこから核を持つ真核生物が誕生した。その前後に真正細菌のなかのαプロテオバクテリアが、真核生物の祖先に細胞内共生し、ミトコンドリアとなった。また、シアノバクテリアが細胞内共生した真核生物の系統が、植物となった。その後，真菌類と動物の系統が分かれていった。これら植物、真菌類、動物は基本的に多細胞だが、単細胞のままとどまった真核生物が原生生物である。

ある動物ではないので、動物と名のつく生物の種類も少し狭まってきた。ただ、われわれ人間自身が動物なので、何が動物であり、何が動物ではないのかについては、植物よりは大昔から明快だったということだろう。

ヒトは動物なので、以下では動物の系統についてだけもう少し説明しよう。動物には多種多様な体つき（体制）のものがいる。原始的な体制のままでいるものに、神経系すら持たない海綿動物があり、続いて原始的な神経系を持つ刺胞動物（クラゲやイソギンチャクの仲間）がある。それ以外の動物は、大きく前口動物と後口動物に分けられる。卵から個体が発生するときに、重要な段階として「原口陥入」があるが、原口が口になってゆくのが前口動物、原口が肛門になり、後で口ができるのが後口動物である。昆虫やクモ類、甲殻類が属する節足動物や環形動物（ミミズの仲間）、線形動物（エレガンス線虫、回虫、ギョウ虫の仲間）、扁形動物（ナミウズムシの仲間）、ひも型動物（サナダムシの仲間）は先口動物であり、棘皮（きょくひ）動物（ウニやナマコの仲間）と脊索動物（脊椎動物やホヤの仲間）は後口動物である。図3・2に、動物の代表的な門についての系統関係を示した。ただし、まだ未確定な部分があるため、この図はひとつの考え方にすぎない。すでにゲノム配列が決定された動物は★印が示してある。

このあとは、生命の樹全体からすると、相対的には細かい系統に分かれてゆくので、われわれ自身であるヒトへの系統についてのみ、図3・3を見ながら簡単に示しておこう。脊索動物は、発生のある過程で「脊索」と呼ばれる構造が生じる動物の総称で

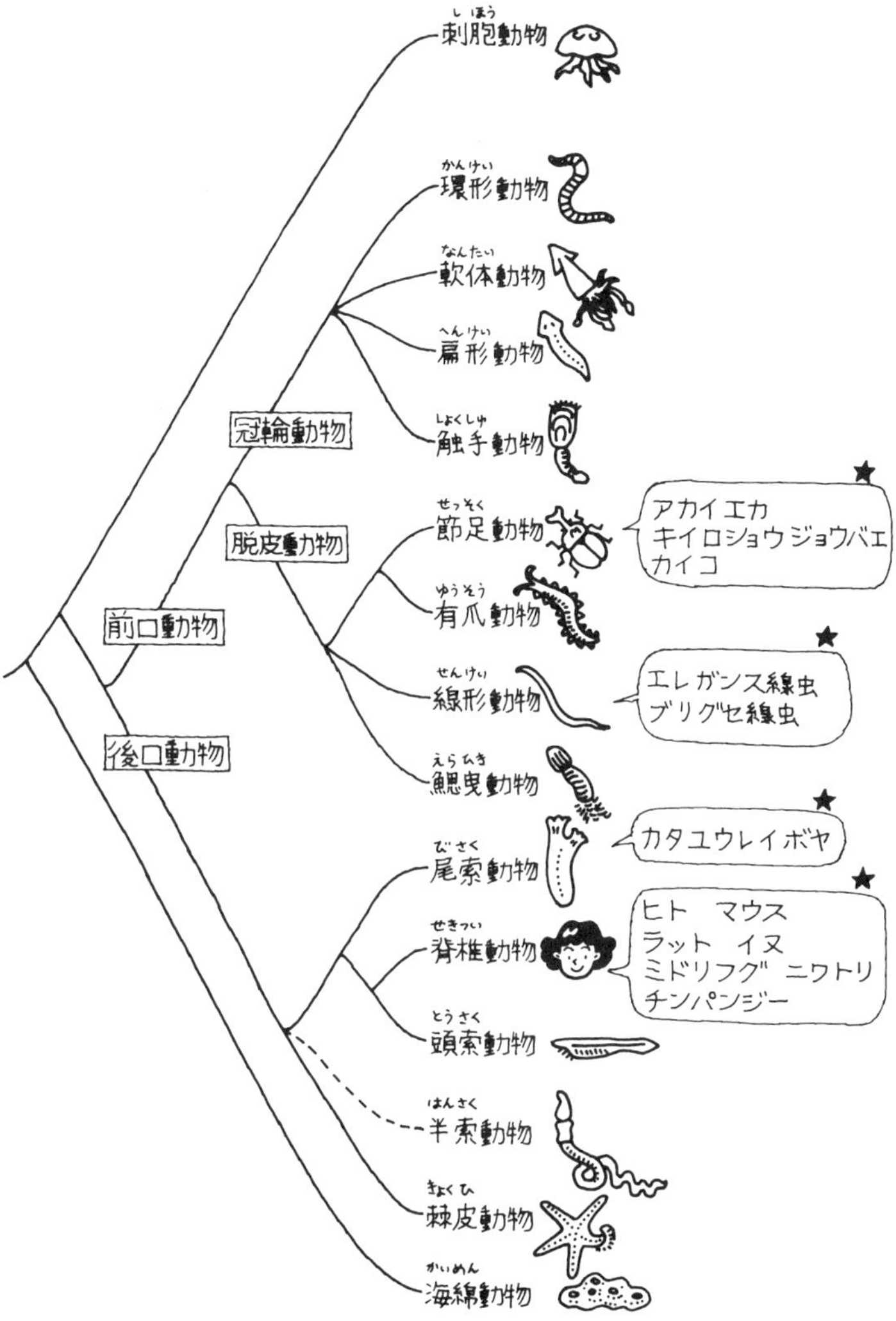

図3・2　動物の代表的な門の系統関係

★印をつけた生物はゲノム配列がほぼ決定されている。半索動物（ギボシムシなど）が脊索動物（尾索動物、脊椎動物、頭索動物をまとめていう）に近いのか棘皮動物に近いのか、系統関係がはっきりしないので、点線になっている。前口動物の中でも、冠輪動物と脱皮動物という二大系統があるのかどうかについては、議論が分かれている。

ある。その中に含まれる脊椎動物は、脊索が出現したあと、脊椎が置き換わったものである。脊索動物には、脊椎動物のほかに、尾索類（ホヤの仲間）、頭索類（ナメクジウオの仲間）がある。

脊椎動物はおよそ五億年前に出現したが、その後軟骨魚類、硬骨魚類の系統が分かれたあと、ある系統が陸上に進出した。最初の両生類である。その後、卵が乾燥に耐える羊膜を持つ「羊膜類」が出現した。これは爬虫類、鳥類、哺乳類の祖先にあたる。原始的哺乳類が爬虫類から出現したのが、およそ一億五千万年前であり、一億年ほど前には、哺乳類はいろいろな種類に分かれていった。そのひとつが霊長類である。熱帯の森林で進化した霊長類からヒトの系統が分かれたのは、今から六〇〇万年ほど前だと推定されている。そのときヒトと別れた別の系統はチンパンジーになっていった。

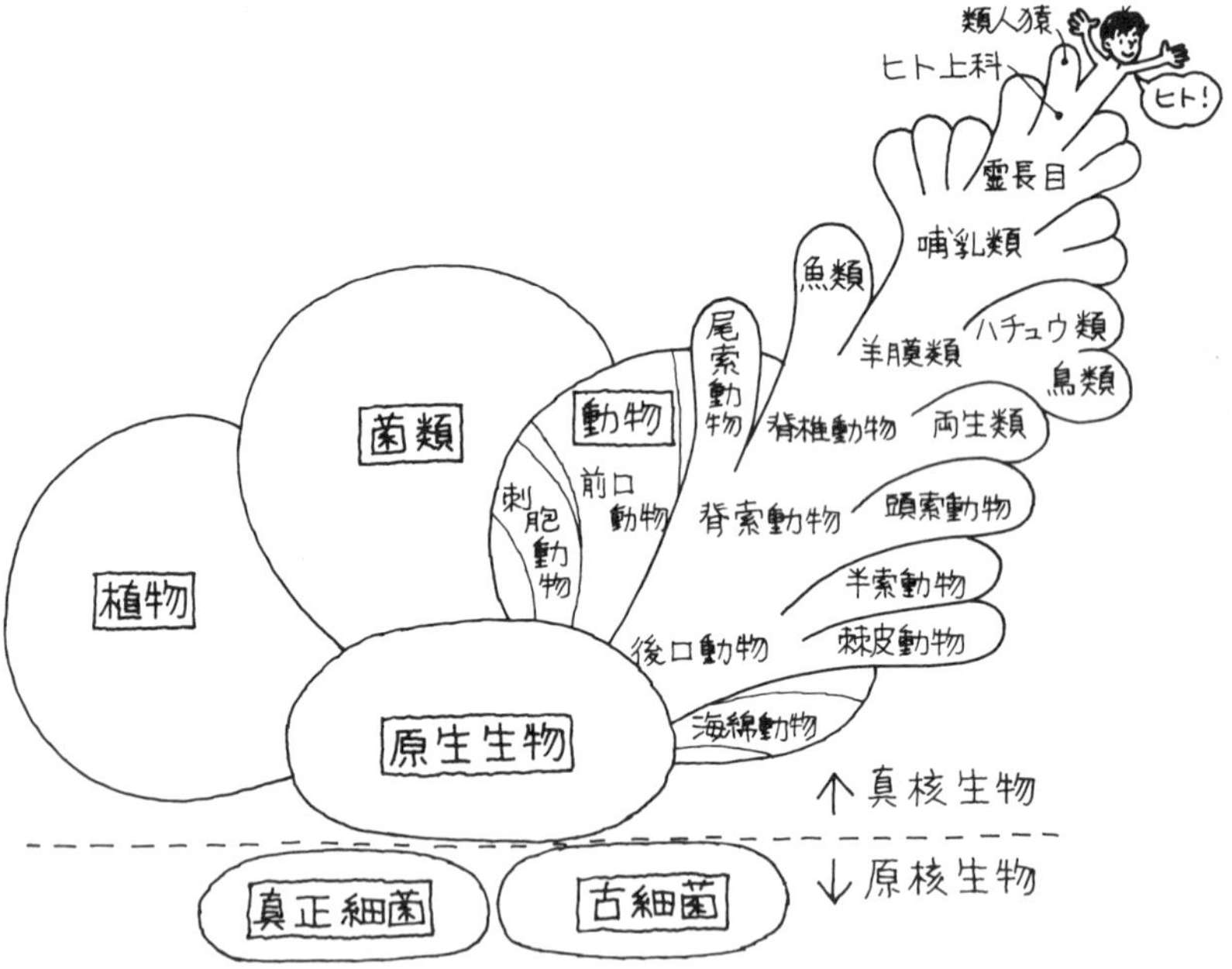

図３・３　自然界におけるヒトの位置

生物の複雑性を示す尺度に、ゲノムサイズと遺伝子数がある。図3・4にいろいろな生物におけるゲノムサイズを示した。ウイルスのような単純な構造のものはゲノムサイズが小さく遺伝子数も一〇個未満から数百個程度ときわめて少ないが、バクテリアになるとゲノムはもっと大きくなり、遺伝子数も数千になる。細胞核を持つ「真核生物」はさらに大きくなり、多細胞生物である動物や植物ではもっとずっとゲノムが大きい。しかし生物界には例外がつきものである。単細胞であるアメーバの中には、ヒトゲノムの二〇〇倍以上の巨大ゲノムを持つものがいる。また両生類のサンショウウオもヒトゲノムの一〇倍以上のゲノムサイズを有している。一方、同じ脊椎動物でも、フグの仲間のゲノムサイズはずっと小さく、ヒトゲノムの十分の一程度である。ところが、脊椎動物の中では、魚類からヒトが含まれる哺乳類まで、遺伝子の種類はそれほど変わらず、数万個だと推定されている。ゲノムサイズが大きくなっても、その大部分はおそらくがらくたDNAではないかと思われる。

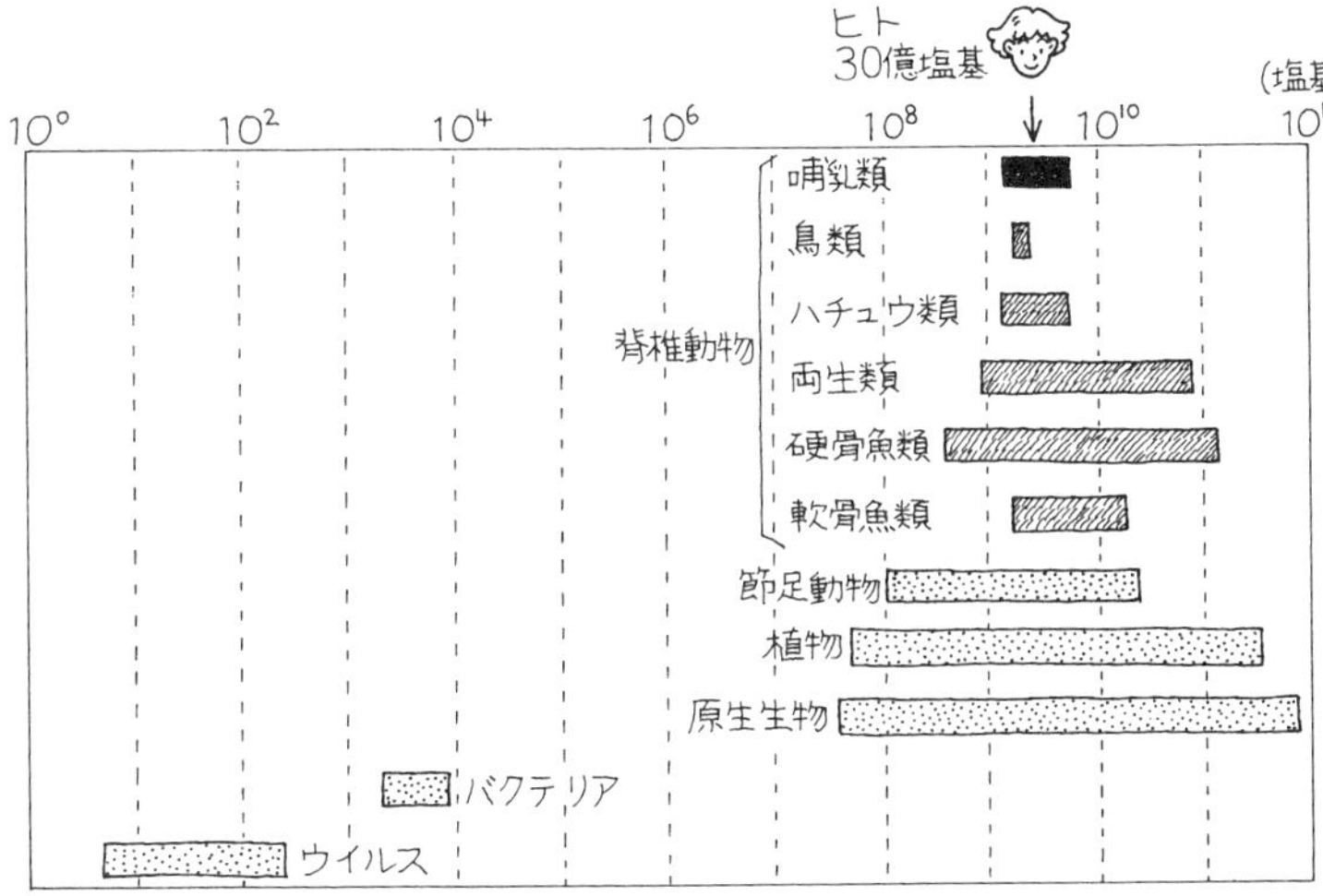

図3・4　さまざまな生物のゲノムサイズ

ウイルスのゲノム——小粒でもピリッとからい

機能による定義から構造による定義へ

かつて、ゲノムは機能的に定義されていた。いわく、「その生物の生存に必要な遺伝子セットの総体」であると。しかし、現在ではその構造で定義している。機能よりも構造の方が明確であり、定義しやすい。また、地球上の生物は互いに支えあっており、ある生物がそのゲノムにある遺伝子だけで生きて行くことはできない。私は、ゲノムを「ある自己複製体の持っている核酸の最大単位」と定義している。「自己複製体」は、生命より広範な、またよりゆるやかな定義である。これは、かつての細胞内共生の名残りだとされているミトコンドリアや葉緑体のＤＮＡについても、最近はそれらをひとまとまりとして「ゲノム」と呼んでいることに対応させるためである。自然現象に対応する概念には客観的で明確な枠組みがあると考えられがちだが、研究を進めているのは人間自身であり、概念そのものも変化し得る。つまり、概念と自然現象のあいだには、必ずしも一対一の対応があるわけではないのである。「ゲノム」も例外ではない。

さて、このような新しいゲノムの定義にしたがえば、ウイルスにももちろんゲノムは存在する。極端にいえば、ヒトゲノムの中にもおびただしい数が存在する「トランスポゾン」[1]と呼ばれる動く遺伝子も、きわめて小さな自己複製単位と呼べるかもしれないから、トランスポゾンのゲノムという言い方もありえるだろう。ただ、論理的に定義を理解するために極端な例を持ち出すと、定義しようとしていた言葉本来の持つ核の意味からずれてゆくので、注意が必要である。われわれは論理構造のみから成り立つ数学の世界を問題にしているのではなく、自然界そのものを相手にしているのだから、有限な知識のもとでの過度な論理化はつつしむべきである。

[1] トランスポゾン　ゲノム上から切り出されてDNAとしてゲノムの別の場所に挿入される塩基配列のこと。いわゆる「動く遺伝子」。最初バーバラ・マクリントックがトウモロコシから発見したが、現在では動物植物だけでなく、バクテリアにも存在することがわかっている。

さまざまな大きさのウイルスゲノム

これまでに知られている最小のゲノムは、ウイルスの仲間のものだろう。ウイルスは生命の二大特徴である自己複製と物質交代のうちで、自己複製をもっぱら行なうが物質交代はしないから、生物ではないという考え方も以前はあったが、最近はあまり論議されなくなった。これは、ウイルスよりももっと単純な自己複製系が見つかったり、またウイルスよりずっと複雑なゲノムを持つ生物でも、寄生性の場合にはたくさんの遺伝子を失っているということがわかってきたからではないかと思う。

ウイルスには、普通の生物のようにDNAをゲノムの構成成分にしているものと、RNAを用いているものがある。RNAウイルスには、HIV（ヒト免疫不全症候群ウイルス：AIDSの原因ウイルス）やインフルエンザウイルス（流行性感冒の原因ウイルス）、コロナウイルス[2]（SARSの原因ウイルス）などがある。インフルエンザA型ウイルスの場合、そのゲノムは、八本の短いRNAからなる。HIVではゲノムは1万塩基程度の比較的長い塩基配列一本からなる。DNAウイルスは多種多様だ。一般に、ウイルスのゲノムは小さいが、大きいものでは、数十万塩基ある。T4ファージでも、かなり大きい。ウイルスで最大のゲノムを持つのは、二〇〇三年に発見された八〇万塩基からなるミニウイルスである。φX197というウイルス（バクテリアに寄生するので、バクテリオファージとも呼ばれる）は、世界で最初にその全ゲノム塩基配列が決定された自己複製体である。一九七七年に、簡便な塩基配列決定法を考案したフレデリック・サンガーらが決定した。

ウイルスのゲノムは、どうしてこんなに多様性に富むのだろうか？　DNA・RNA、一本鎖・二本鎖、環状・線状さまざまである。ひとつの可能性は、いろいろな状況で、さまざまな時代にもっと複雑な生命からばらばらに飛び出してきたというものだ。多元発生説である。

けた違いのスピードで進化するRNAウイルス

インフルエンザ・ウイルスは、その名のとおり、インフルエンザ（流行性感冒）を引き起こす原因である。普通の生物同様に、ウイルスにもDNAを遺伝子とするもの

［2］**コロナウイルス**　一本鎖RNAをゲノムとするRNAウイルスの一種。ウイルスの外側にある突起が、太陽のコロナのように見えることからこの名称がついた。宿主には、ヒト、イヌ、ネコ、ブタ、ウマなど様々な哺乳類がある。

がたくさんあるが、インフルエンザ・ウイルスはRNAを遺伝子としている。現在でも蔓延している「ホンコン風邪」と呼ばれるA型のインフルエンザ・ウイルスは、表面のタンパク質の型の違いから、アジア風邪やロシア風邪とは区別されるが、一九六八年に中国から一年も経たないうちに世界中に広がった。そういうウイルスを研究者が保存しており、後に冷凍庫から取り出して塩基配列を決定し比較してみた。その結果、わずか数年のうちにウイルス遺伝子の塩基配列が変化していることがわかった。各ウイルス株がサンプルされた年代を追ってゆくと、それらがほぼ系統樹の下から上に並んでいることがわかる。つまりこれらのウイルスは、真の意味で「生きた化石」なのである。

生物進化は、普通は一〇年や二〇年では目に見える変化は起こらない。そんなに急速に進化はしないのだ。ところがインフルエンザ・ウイルスはRNAを遺伝子としており、RNAから次のRNAを作るときに、非常に間違いを起こしやすい。すなわち、突然変異を生ずる率が、人間の遺伝子と比べると一〇〇万倍ぐらい高いのだ。詳細は省くが、中立論では、進化速度は突然変異の率と同じになることがわかっている。するど中立論から、突然変異率が一〇〇万倍になれば、進化速度も一〇〇万倍になってもいい、という予測が成り立つ。調べてみると、実際にそうなっていた。これらの生きた化石であるウイルスの塩基配列を調べてみると、一九六八年から一九七九年の一〇年たらずのあいだに、私たちの目に見えるようなアミノ酸の変化、塩基の変化が起こっていた。これは突然変異率が一〇〇万倍にはねあがったためで、普通の遺伝子の一〇〇万年の進化にあたるものが、わずか一年くらいで起こったのである。

私は米国留学時代に、A型インフルエンザ・ウイルスの表面にあるヘマグルティニンというタンパク質の遺伝子の変化を調べたことがある。三個の塩基からなる遺伝暗号（コドン）の第一・第二位置（アミノ酸を変えやすい部分）と第三位置（アミノ酸が変わりにくい部分）の進化速度を比べたのである。中立論は、「アミノ酸が変わる方は進化速度が遅いだろう。アミノ酸が変わらない方は自然淘汰から逃れることができるから、変わりやすいだろう。」と予言する。その予言どおり、アミノ酸があまり変わらない方（第三位置）が二倍ほど進化速度が速いことがわかった。この数値が一を越えていると、中立論の予言どおりといえるのである。一〇〇万倍のスピードアップがあったにもかかわらず、中立論の基本的な枠組みの中で説明できることが明らかになった。また、ヒトに感染するインフルエンザに比べて、鳥に感染するインフルエンザは進化速度が遅いことが、鈴木善幸博士（国立遺伝学研究所）らの最近の研究でわかってきた。

ところが、ウイルス学の分野では、これら急速な進化の生じるのは、ヒトなどの宿主の免疫系に追いかけられるので、それから逃れるためにどんどん遺伝子を変化させているからだという仮説が昔からあった。もっと正確に言えば、変わるべきなのはウイルス表面のタンパク質である。これは後に実際にそのようなことが部分的にせよ成り立つことがわかってきた。この場合、中立進化ではなく、非中立進化、つまりダーウィンが唱えた正の自然淘汰が生じている。同様のことがほかのＲＮＡウイルスでも確かめられている。

原核生物のゲノム——遺伝子の水平移動

多様なゲノム

原核生物（バクテリア）と一口にいっても、本章の冒頭で説明したように、真正細菌と古細菌という大きなグループが存在する。それぞれが、おそらく二〇億年以上の歴史を持ち、多様化している。この多様な原核生物の世界は、ゲノムの多様性にも現れている。DNAには四種類の塩基（A、C、G、T）があるが、このうち、AとTが、またCとGが二重らせん構造の中で結合しあうので、DNAの二重らせん全体で言えば、AとT、CとGの比率はいつも一対一である（シャルガフの法則）。このため、四種類の塩基の組成ではなく、ATとGCの二グループの組成を問題にすることがある。これをゲノムのGC含量と呼ぶ。ヒトゲノムのGC含量はおよそ40%である。ところがバクテリアのゲノムには、極端に高いGC含量を持つものや、反対にきわめて低いGC含量を持つものがある。一口にバクテリアといっても、二〇億年以上の歴史を持っているので、その長い進化のあいだには、GC含量も変化し得たのである。この変化は、DNAが自己複製するときの癖の違いではないかと考えられている。

本書を書いている二〇〇四年四月の段階で、すでに二〇〇種近いバクテリアのゲノム配列が決定されている。表3・1に、その中でも一般に比較的よく知られている種類を示した。全ゲノム配列が最初に決定されたのは「ヘモフィルス・インフルエンザ菌」であり、大腸菌や枯草菌は遺伝学の研究でよく用いられている。また納豆を作るのは枯草菌の一種である。結核菌とハンセン氏病菌は進化的に近縁だが、後者のゲノムではたくさんの遺伝子が死んでしまっている。おそらく人間などの宿主の中にずっと棲み続けるので、自分自身でいろいろな代謝をする必要がなくなり、遺伝子が死んでいったものと思われる。これは、ラマルクの進化論で言う「用不用説」の不用の部分の論理だ。

水平移動

遺伝子は、普通は親から子へと伝えられる。単細胞生物であるバクテリアの場合には、ひとつの細胞が二個になる細胞分裂によって増えてゆくが、もとの細胞が親で

表3・1　バクテリアのゲノム配列の例

アーケア

Pyrococcus horikoshii（潜水艇「しんかい 2000」を用いて沖縄海溝内の熱水鉱床付近から単離された超好熱古細菌。堀越弘毅博士の名前を記念して命名された）

バクテリア

Mycobacterium leprae（ハンセン氏病の原因菌；ライ菌）
Mycobacterium tuberculosis（結核菌）
Synechocystis sp. PCC 6803（光合成を行うシアノバクテリアの仲間）
Bacillus subtilis（枯草菌。ナットウ菌もこの仲間）
Streptococcus mutans（虫歯の原因菌）
Escherichia coli K12（大腸菌の中で実験にもっともよく使われる種類）
Escherichia coli O157（腸管出血性大腸菌O157）
Haemophilus influenzae（ヘモフィルス・インフルエンザ菌）
Helicobacter pylori（胃潰瘍や胃ガンの原因となるヘリコバクター・ピロリ菌）
Vibrio cholerae（コレラ菌）
Salmonella typhimurium（チフス菌）
Yersinia pestis（ペスト菌）
Bacillus anthracis（炭疽菌）

あり、二個に増えた細胞がどちらも子供細胞ということになる。このように増えてゆくときには、遺伝子が親から子へと「垂直」に伝えられる。これに対して、なんらかのメカニズムによって、遺伝子が別のバクテリアに伝えられることがある。これを遺伝子の**水平移動**と呼ぶ。水平移動が起こったかどうかは、その遺伝子の系統関係と、その遺伝子を持つバクテリアゲノム全体の系統関係を比較すればよい。両者が同じであれば、水平移動の証拠はないが、両者が異なっていればその遺伝子は水平移動した可能性がある。図3・5は、農業環境技術研究所の澤田宏之博士が研究した、植物に病気を生じるシュードモナス・シリンゲというバクテリアのゲノム中の四個の遺伝子を調べて復元した多数の系統の系統樹である。このうち、actinidiae と phaseolicola の株では、argK という遺伝子の塩基配列がまったく同じだった。これら二つの株は同じバクテリアに属するとはいえ、系統樹からわかるように別のグループに属しており、かなり昔にたもとをわかっているので、argK という遺伝子でも actinidiae と phaseolicola の株ではかなり異なっていることが期待される。実際、他の系統では系統分化の時間が経つにつれて遺伝子の塩基配列が変化している。ところが、これら二つの株間でだけ、argK という遺伝子がまったく同一の塩基配列だったので、これらの株間で argK 遺伝子の水平移動が生じたことを示している。

　私たち人間が属する動物では、ウイルスを介するような特別な場合を除き、親から子に遺伝子は垂直伝達するが、この例で示したように、バクテリアでは、水平移動が

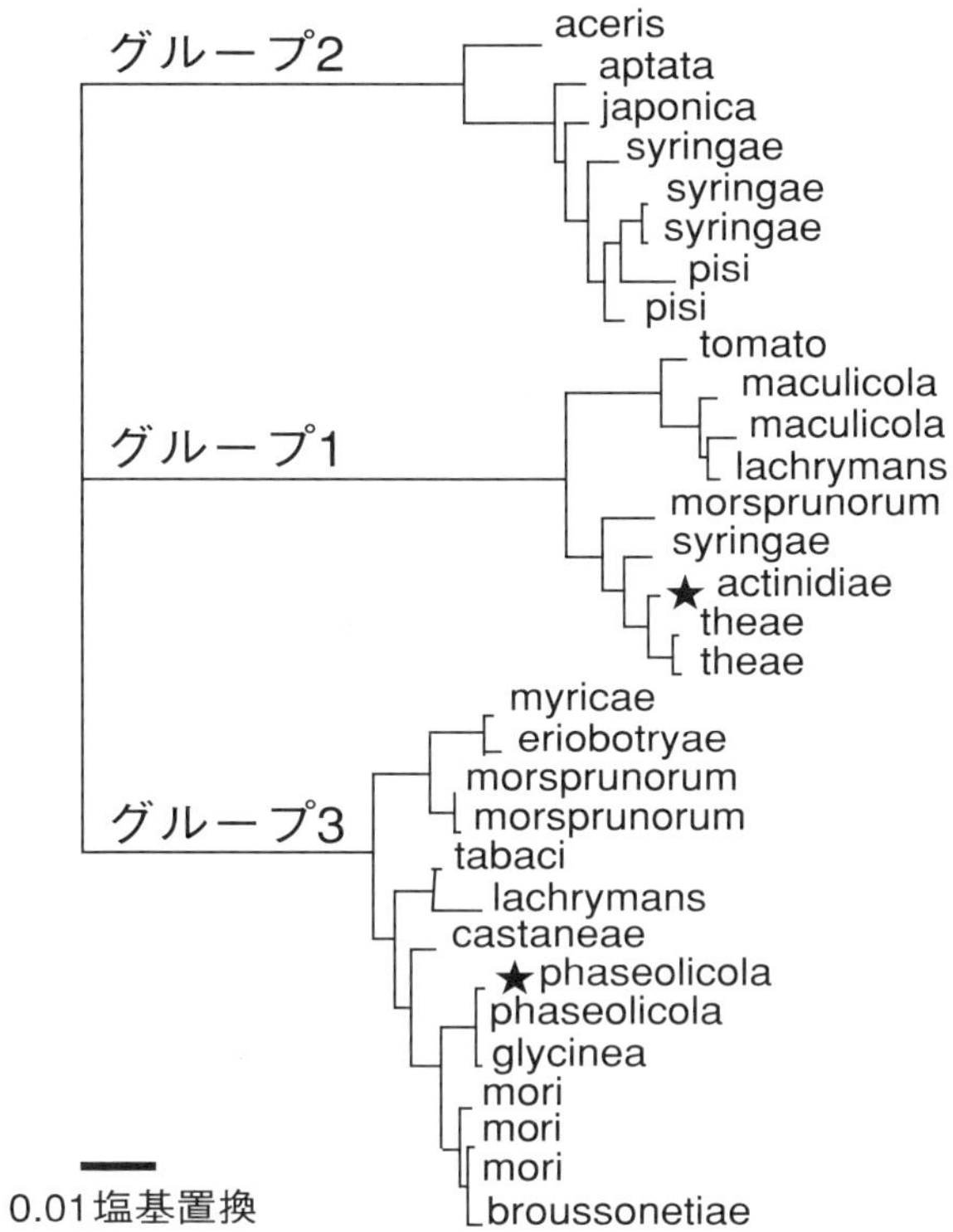

図3・5　シュードモナス・シリンゲの多数の株の系統樹
argK以外の4個の遺伝子の塩基配列を用いて株間の系統関係を推定したところ、大きく3グループに分かれた。★印で示したactididaeとphaseolicolaという株はそれぞれグループ1とグループ3に属するが、argK遺伝子については、両者の塩基配列は同一であり、他の4遺伝子の系統関係と矛盾している。これは、argK遺伝子の水平移動が起こった結果だと思われる。

かなり生じていることがわかっている。ただし、ミトコンドリアのもとになったバクテリアが、われわれの祖先生物に細胞内寄生した当時には、かなりの遺伝子の移動が生じたと考えられる。もっともこの時には、われわれの祖先はまだ動物にもなっておらず、単細胞の生物だった。

ミトコンドリアのゲノム――オルガネラ共生説

細胞内共生

スターウォーズ・エピソードⅠで、ジェダイ騎士が幼いアナキン・スカイウォーカーに、すべての細胞に存在するミディクロリアンという共生生命体のことを説明している場面がある。これはおそらくミトコンドリアがモデルになっていると思われる。映画の説明どおり、ミトコンドリアは人間のすべての細胞に存在する。人間だけでなく、すべての動物、すべての植物に存在する、細胞内小器官のひとつである。

ただし、ここで言っている「細胞」は細胞核を持つ真核生物の細胞である。大腸菌などのバクテリア（原核生物）も細胞を持っているが、核を持たず、細胞の中は比較的単純である。ミトコンドリアは大昔に真核生物の祖先と「共生」していた原核生物のなれの果てであると考えられている。この**オルガネラ共生説**は現在ではほぼ確立しているが、二〇世紀初頭にロシアの研究者が提唱したときはほとんど相手にされなかったようだ。一九七〇年に、生物学の新しい知識をもとにリン・オーギュリスがその現代版を提唱した後、だんだんと確立していった。最大の理由は、ミトコンドリアにもＤＮＡがあるということではないかと思う。

　ミトコンドリアはほとんどの真核生物に存在するので、その祖先である原核生物が共生を始めたのは真核生物の系統のごく初期であるようだが、同じく細胞内共生から始まったとされる葉緑体の方は植物だけにあるので、この共生関係は植物の系統が動物や真菌類（キノコやカビの類）の系統から分かれた後に始まったことになる。詳しいことはよくわかっていないが、真核生物の祖先細胞は、次々に原核生物の細胞を自分の中に取り込んで、一緒に生活するようになった。すると、いわば店子である原核生物の細胞は、家主である真核生物の祖先細胞の持つ物質交代システムを借りることができるので、自分でも持っていたそれらシステムを切り捨てていった。その過程で、システム構築に必要な遺伝子も減っていったので、動物のミトコンドリアの場合には、わずか一万七〇〇〇塩基たらずの小さなＤＮＡしか持たなくなったのである。図３・６に、人間のミトコンドリアＤＮＡのゲノム構造を示した。ミトコンドリアの中で働くタンパク質のごく一部ではあるが、四種類のタンパク質の遺伝子、二〇種類のｔＲＮＡの遺伝子、リボゾームＲＮＡの遺伝子がある。

他の真核生物と原核生物の共生

　このような真核生物と原核生物の共生は、ほかにもいろいろな形で存在する。アブラムシ（アリマキ）の腹部には、菌細胞と呼ばれる特殊な細胞があるが、そこには大腸菌に似たバクテリア（ブフネラ）の細胞がびっしりと詰まっている。最近、このバクテリアの全ゲノム構造がブフネラの発見者である石川統教授（放送大学）ら日本の研究グループによって決定されたが、ゲノムの大きさがきわめて小さく、遺伝子の数も少ないことがわかった。長い間の共生生活によって、ミトコンドリアのように、遺伝子をどんどん捨てていったようである。

私たち人間にも、共生している原核生物がいる。大腸菌をはじめとする腸内細菌である。バクテリアにとって他の生物のからだの中は、食料が豊富にあるので格好なすみかなのである。われわれ大型の生物は、彼らバクテリアにすみかを提供するために生かしてもらっている、つまりわれわれが彼らに飼われている、という見方すらできるかもしれない。

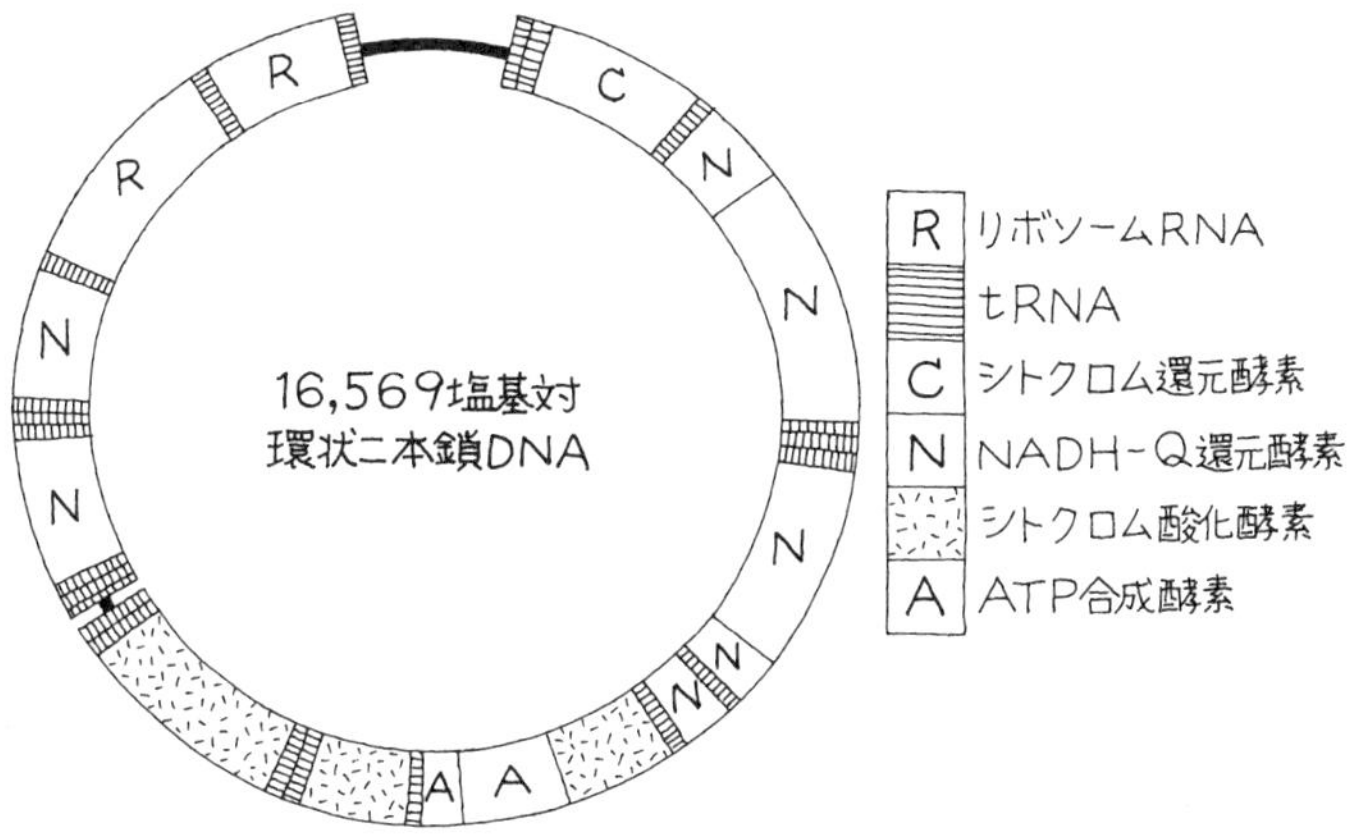

図3・6　人間のミトコンドリアDNAのゲノム構造
リング状の構造をしており、いくつかの遺伝子がある。上部の線が細くなっている部分は、遺伝子の情報を持っていない。

真核生物のゲノム——ゲノムサイズの増大

パン酵母

最近日本でもけっこうはやっているパンに、ベーグルがある。これはもともとユダヤ人の食べ物だが、人口の十分の一がユダヤ人であるニューヨークでよく見かけるものだ。もともとは、彼らが過ぎ越しの祭[1]のときに食べる、種なしパンである。種とは、いわゆるイーストのことだ。だから本来のベーグルはふんわりしておらず、固めでしっかりしているのである。イーストを入れると発酵して炭酸ガスを発生するので、パンがふんわりするのである。この働きをしてくれるのが、パン酵母である。生物の系統で言えば、カビの仲間だ。イーストと言うのは、厳密には単細胞のカビであるが、生物学の研究でもっとも広く使われるイーストがこのパン酵母なので、単にイーストというと、パン酵母を指すことが多い。ただし、最近では別のカビである「分裂酵母」もかなり研究に使われている。すでにどちらの酵母のゲノム配列とも、全塩基配列が決定されている。国際協力によって最初に決められたのは、研究者の圧倒的に多いパン酵母である。一九九六年のことだ。日本でも、理化学研究所の研究グループがひと

[1] **過ぎ越しの祭り** エクソダス（モーセに導かれたエジプト脱出、紀元前約一三世紀）と奴隷状態からの解放を祝うユダヤ教の祭

つの染色体全体の塩基配列決定を担当した。一方分裂酵母は五年遅れたが、二〇〇一年に全ゲノムの塩基配列が決定されている。

真核生物の系統では、ＤＮＡが特殊な膜（核膜）で囲まれるようになり、細胞中に核を持つようになった。このことと関連するのかどうかはよくわかっていないが、真核生物はゲノムサイズを比較的簡単に増大させることができるようになった。これによって複雑なシステムを持つ生命を展開させる可能性が生じたのである。逆に現在の原核生物になっていった生物の系統では、なぜかゲノムサイズを小さいままに保ってきた。ゲノムは増えるばかりがいいとは限らない。細胞が分裂するときにはＤＮＡも自己複製するが、ゲノムサイズが大きくなってＤＮＡ量が増えると、自己複製にかかる時間もそれだけ増えて、細胞分裂がスムーズにゆかなくなる恐れが出てくるからだ。

真核生物のゲノムサイズが原核生物よりもずっと大きいということは、真核生物だけが持つ遺伝子がたくさん存在するということになる。たとえば、筋肉に存在するミオシンというタンパク質は、原核生物では対応するものが見つかっていない。一群の筋肉タンパク質の起源は、細胞内で物質の動きを担当するタンパク質だろうと考えられているが、それらのグループも、おそらく真核生物の系統が原核生物から分かれたあとに誕生したのだろう。

植物のゲノム

第1章で登場した木原均氏が「ゲノム解析」にもっぱら用いたのは、コムギだ。パンコムギという栽培種は四二本の染色体を持つ六倍体だが、これはタルホコムギという野生の二倍体と別の野生の四倍体の雑種である。雑種であれば通常は中間の三倍体になるが、その直後にゲノム全体が倍加して六倍体になったのである（図3・7）。このようにゲノムの数が多いために、二〇〇四年春現在、まだコムギのゲノムは解読されていない。

植物で全ゲノム配列が二〇〇〇年に最初に決定されたのは、あまり一般にはなじみのない「シロイヌナズナ」である。この植物のゲノム配列決定には、日本のかずさDNA研究所の田畑哲之博士のグループが大きな貢献をしていることは特筆に値するだろう。この草は名前どおりナズナの仲間だが、ヨーロッパ原産であり、ごく最近になって人間が世界中にばらまいてしまった。遺伝学の研究に都合のよい性質として、シロイヌナズナのゲノムサイズはおよそ一億二五〇〇万塩基で、ヒトゲノムの4％ほどしかない。ゲノムの大きさは小さいのに遺伝子の数は約二五、〇〇〇個と推定されており、動物のゲノムに匹敵する数である。世代時間も二ヶ月程度と短いので、植物の遺伝に関するさまざまな実験に使われている。

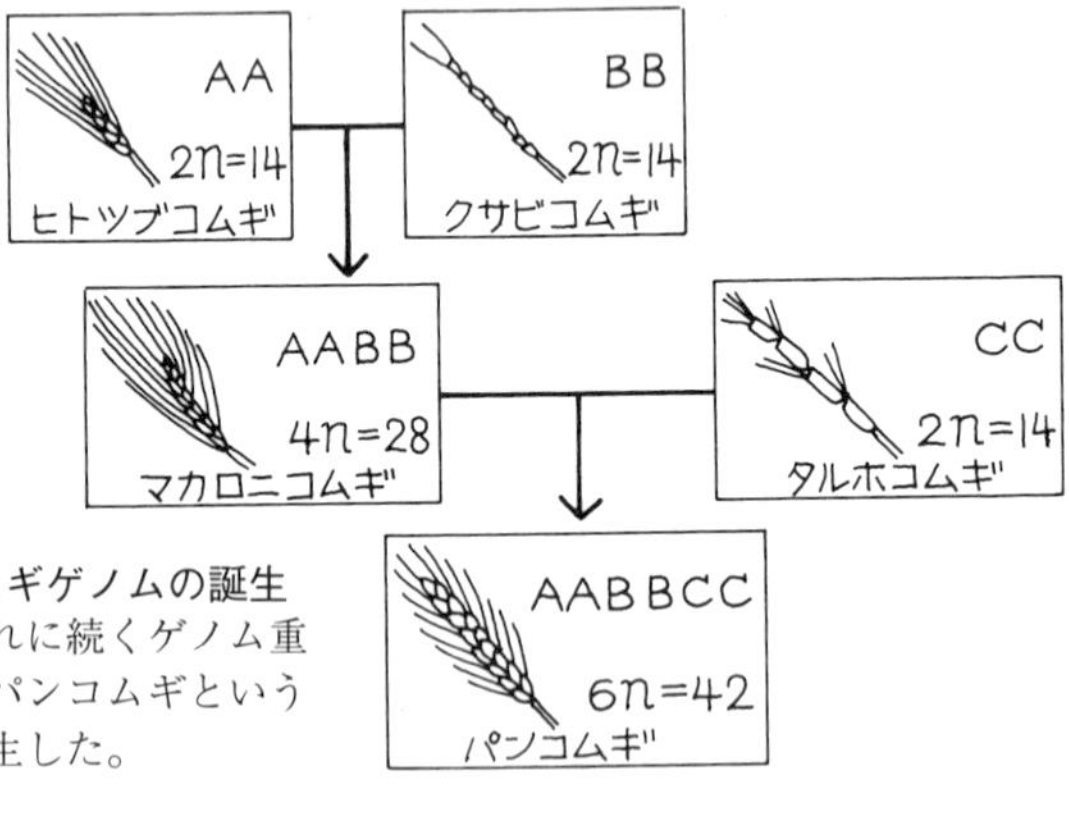

図3・7　パンコムギゲノムの誕生
2回の雑種形成とそれに続くゲノム重複によって、現在のパンコムギという六倍体のコムギが誕生した。

最近になってイネのゲノム配列が三グループによってそれぞれ独立に決定された。これは稲が産業上きわめて重要な栽培植物であるため生じた競争の結果である。ひとつは、スイスの民間企業シンジェンタが稲のジャポニカ亜種のゲノムの93%を決定したものである。一方、もうひとつのインディカ亜種のゲノムを、中国のゲノム研究所が85%程度決定した。どちらも完全な100%決定にはまだかなりあるにもかかわらず、二〇〇二年四月に「ゲノム配列決定を完了」として論文を発表してしまった。最後のグループが、日本を中心とする国際共同チームによって二〇〇二年の一二月に決定宣言がされたものであり、こちらは高い決定精度を誇っているが、二〇〇四年四月現在、ゲノムの一部分の結果が報告されただけであり、まだゲノム全体の結果を示した論文は発表されていない。「日本晴れ」というジャポニカ亜種のなかの一品種がゲノム解析に用いられている。イネゲノムの大きさはおよそ四億塩基であり、ヒトゲノムの約八分の一である。ところが、遺伝子の数は同じような方法を用いて推定されたにもかかわらず、ヒトゲノムより大きい四万〜六万個だと報告されている。これらゲノム配列を基盤とした今後の研究の展開が楽しみだ。

動物のゲノム

最初に全ゲノム配列が決定された動物は、あまり一般にはなじみのない「線虫」の一種である。線虫は、動物の分類では線形動物である。松食い虫やギョウ虫・回虫のように、寄生虫として知られている種類があるが、海洋底におびただしい種類の線虫が生息している。一部は地上にも進出し、地中の微生物を食べて生活しているものが多い。三〇年以上前に、シドニー・ブレナー[2]という研究者がこのなかのひとつである「エレガンス線虫」を選んで遺伝学的研究を始めた。動物の中では比較的ゲノムサイズが小さいということもあり、この体長一ミリ程度の小さな虫が選ばれたのである。

このエレガンス線虫は、親でも体全体の細胞数が一〇〇〇個程度であり、人間の体が六〇兆個もの細胞から成り立っているのに比べると、非常に少ない。これらの細胞が、一個の受精卵から出発してどのように増えて線虫の体を作り上げるのかという「細胞系譜」がすべてわかっている（図3・8）。細胞分裂は一個の母細胞から二個の娘細胞が生じるが、それぞれの娘細胞がまた分裂すると四個になり、倍々で増えてゆくはずである。ところが、片方の細胞が細胞系譜をコントロールする遺伝子の働きで分裂を止めるということが起こるので、図に示されているような非対称の分裂があちこちの細胞系列で生じている。このような細胞分裂をコントロールすることが生物の体を形作る基本である。

第2章で登場したトーマス・ハント・モーガンが遺伝学の研究に使いはじめたショウジョウバエは、その後も現在に至るまで多数の研究者が実験に用いてきた。その重要性から、ショウジョウバエのゲノム配列を決定する研究が一九九〇年代にかけて国

［2］シドニー・ブレナー　一九二七〜。南アフリカ出身。一九六〇年代に、メッセンジャーRNAの発見や分子生物学のセントラルドグマの確立に貢献したが、その後神経系の研究に転じ、モデル生物としてエレガンス線虫を選んだ。今日、この生物の研究は、ゲノム配列が決定されたことを含めて大きく進展した。さらに脊椎動物の神経系を探るために、トラフグのゲノム解読も推進した。新設の沖縄科学技術大学院大学の学長に内定している。

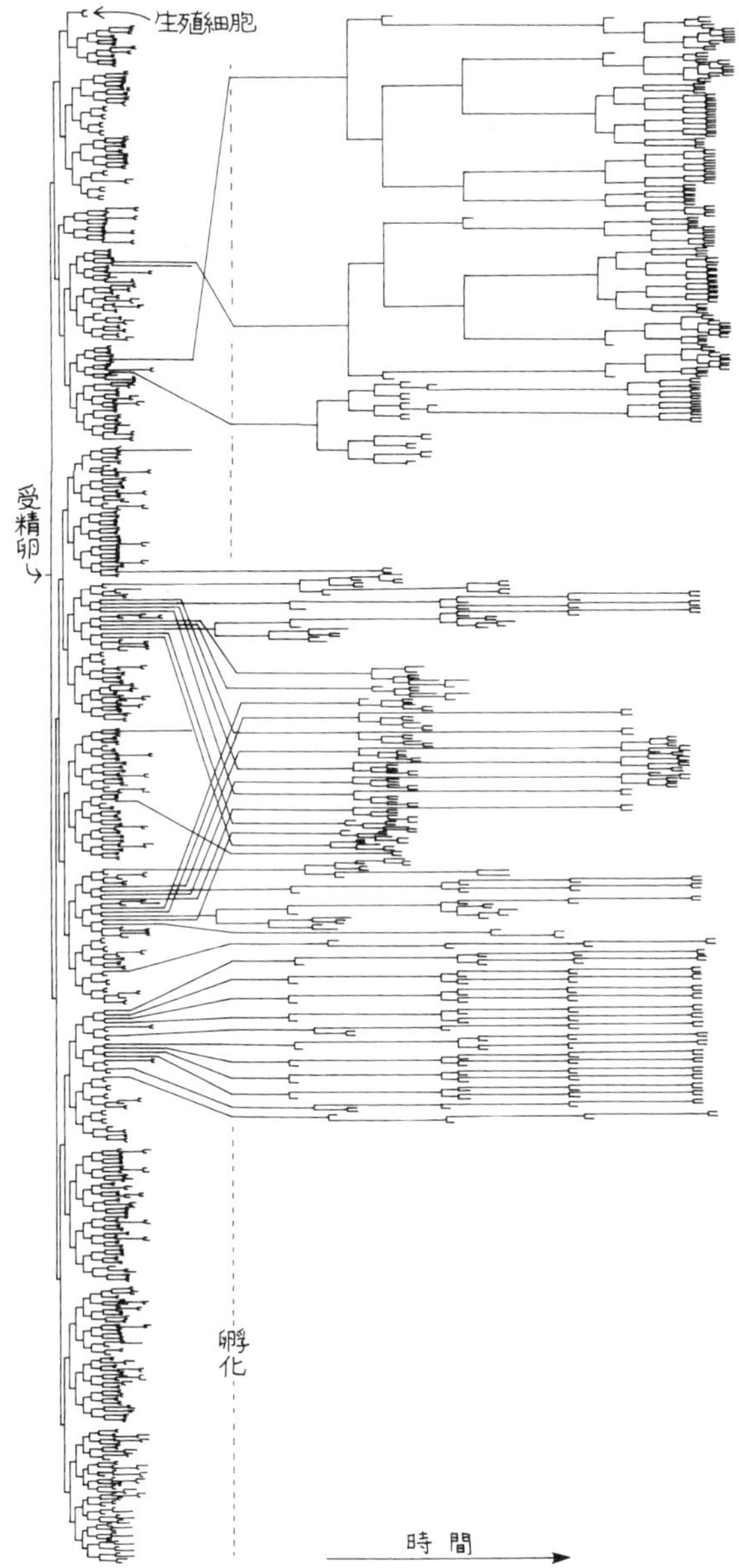

図3・8　エレガンス線虫の細胞系譜
単一の受精卵から、細胞分裂をくりかえして、最終的に成虫を形作るまでの、細胞の系統関係を示している。

際的に進められていたが、一九九八年になって、ヒトゲノムの配列決定をすると宣言したセレラジェノミックス社が、ヒトゲノムに取り組む前の練習問題としてキイロショウジョウバエのゲノム配列をほぼ決めてしまったのである。彼らは、ショウジョウバエゲノム約一億七〇〇〇万塩基（ヒトゲノムの約十八分の一）のうち、五〇〇〇万塩基を占める遺伝子のない領域（ヘテロクロマチン）を除いた一億二〇〇〇万塩基をほぼ決定した。その結果、遺伝子の数は約一四〇〇〇個だと推定された。ショウジョウバエは遺伝学の初期のころからずっと用いられている生物なので、多種多様な情報が蓄積されている。このため、人間よりも進化的にはかなり遠いものの、現在でも多くの研究者が基礎研究を進めており、ゲノム配列は重要な基盤となっている。

ヒトは脊椎動物だが、動物の大分類である「門」では、尾索動物（ホヤの類）、頭索動物（ナメクジウオ）が含まれる「脊索動物門」に属する。京都大学理学部の佐藤矩行教授のグループは、二〇〇三年に国立遺伝学研究所の小原雄治教授らおよび米国のグループとの国際共同研究によって、ホヤの一種であるカタユウレイボヤのゲノム配列を決定した。このホヤのゲノムは、三〇億個の塩基からなるヒトゲノムに比べると、一億二千万塩基ほどの大きさであり、二五分の一程度だが、遺伝子の数はヒトゲノムの半分以上あり、約一万六〇〇〇個が見つかっている。このなかでもおもしろい遺伝子としては、セルロースを合成する一連の酵素遺伝子がある。これまで植物以外では見つかっていないので、植物からホヤへこれらの遺伝子が取り込まれたのかもしれない。ホヤの成体は固着性生活をするので、一見植物のように見えるが、このような遺伝子の水平移動が原因であるのかもしれない。

脊椎動物のゲノム

エレガンス線虫を生物学の材料に導入したところで登場したシドニー・ブレナー博士は、次にもっとヒトに進化的に近く、最終的には脳神経系の遺伝子を研究しやすい生物を探した。すると脊椎動物ということになるが、その中でもゲノムの大きさが小さいものを調べると、フグの仲間ではなぜかみなゲノムが四億塩基程度（ヒトゲノムの約八分の一）と小さいことがわかった。魚類からヒトの属する哺乳類まで、脳神経系の基本構造は変わらないと考えられているので、それらを規定している遺伝子群を知るために、フグゲノムの塩基配列決定が始まったのである。トラフグが材料に使われた。残念ながら、この計画が始まって数年すると、ずっとゲノムサイズが大きいがヒトそのもののゲノム配列決定計画が進んでしまったので、フグゲノム計画には十分な予算がつかないままだった。しかし二〇〇一年にはゲノムがだいたい決定されている。一方、ミドリフグという別のフグのゲノムも最近ほぼ決定された。この研究には、国をあげて生物学研究に大きな予算をつけているシンガポールの研究グループが中心的な役割を果たしている。

脊椎動物の中でも、ヒトの属する哺乳類のゲノムは大きいにもかかわらずその重要性から、二〇〇二年の末にマウスとラットのゲノムが次々に決定された。二〇〇三年一〇月現在、世界中でこれら齧歯類とヒトゲノムの比較研究が進められているところだ。

ホックス遺伝子群

動物の発生は、受精卵から始まる。一個の細胞から、急速に細胞分裂が繰り返されて細胞数が指数級数的に増加し、それと同時に動物の形を変えてゆくのである。現在のところ、これらの変化を制御している遺伝子の謎は完全に解き明かされているわけではない。しかし、動物の発生に関与する遺伝子の振る舞いが、これまでにかなりわかってきた。図3・9は、ショウジョウバエ（節足動物）とマウス（脊椎動物）のあいだで、体の前後軸の形成に関与するＨｏｘ（ホックス）遺伝子群を比較したものである。おもしろいことに、ゲノムの中でのホックス遺伝子の並び方と、その遺伝子の産物であるタンパク質が体の中で働く領域の位置がハエでもマウスでも対応している。頭・胸・腹という昆虫成体の体節構造と脊椎動物の脊椎が、遺伝子から見るとどうやら「相同」である、つまり進化的に共通の起源を持つらしいということがわかる。このような結果は、骨などを調べても明確にはわからなかった。遺伝子を調べてはじめて結論が出せたのである。実際、このホックス遺伝子群は、多くの動物に存在することがわかっている。

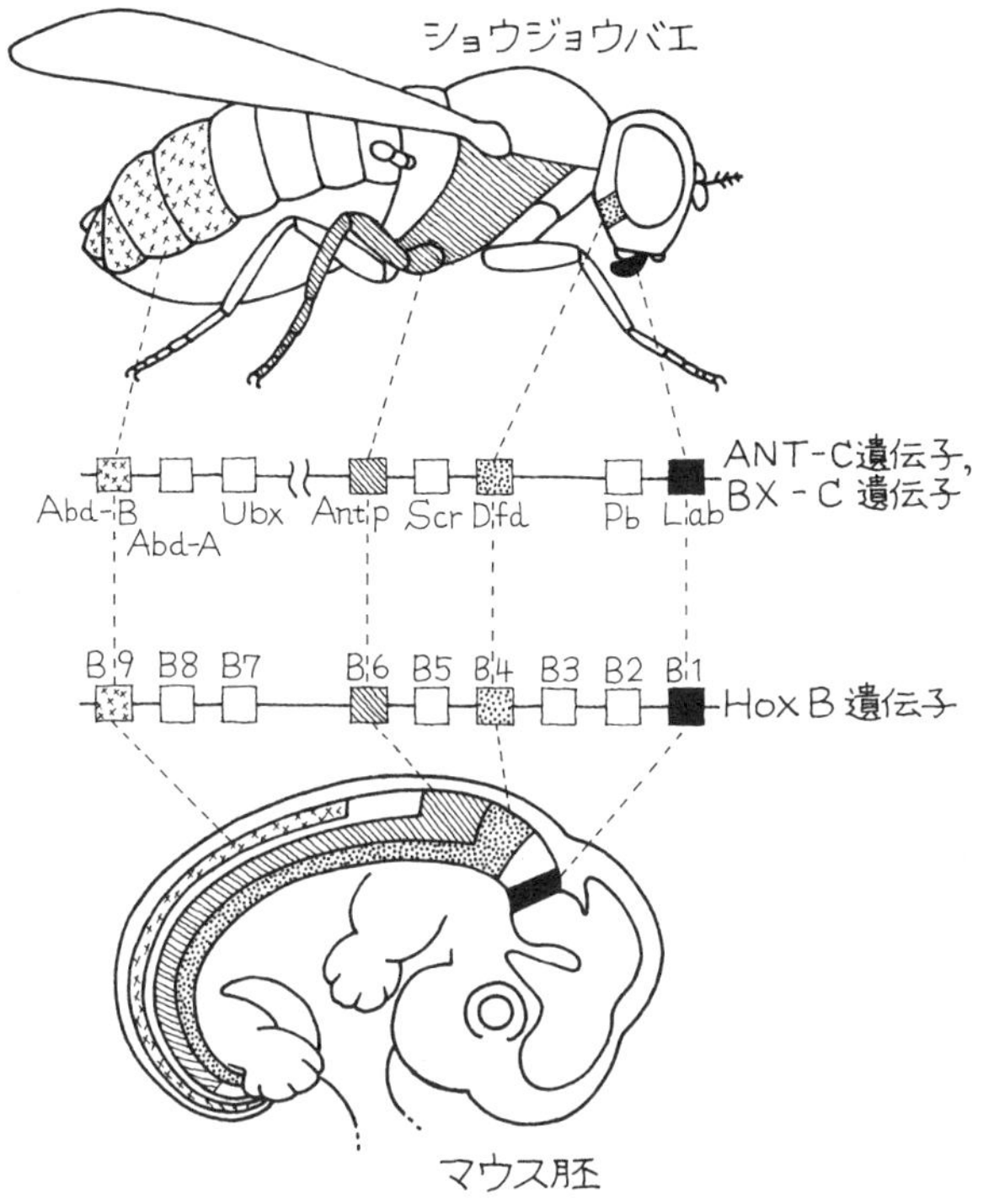

図3・9　ショウジョウバエとマウスにおける、Hox遺伝子群の比較

ショウジョウバエには Hox 遺伝子群がゲノム中にひとつだけ存在するが、マウスではA～Dと4個あり、ここではそのうちのB群だけを示している。ショウジョウバエでは、Hox 遺伝子がゲノム上で並んでいる順番と、それらの遺伝子が発現している（対応するタンパク質が作られること）体の場所の順番が対応している。マウスでも、遺伝子の発現が重なっているものの、Hox遺伝子が発現を始める位置の順番は、やはりそれぞれの遺伝子のゲノム上の位置と対応している。

マウスや人間の属する哺乳類のホックス遺伝子群は四種類あり、別々の染色体に存在する。ヒトゲノムの場合、ホックス遺伝子群は二番染色体短腕、七番染色体短腕、一二番染色体長腕、一七番染色体長腕にある。これは、祖先生物でゲノム重複が二回起こった結果ではないかと考えられている。さらに、メダカを研究している堀寛教授（名古屋大学）のグループは、メダカゲノムの中に八種類のホックス遺伝子群を発見している。魚類ではさらにもう一度ゲノム重複があり、四個のホックス遺伝子群から八個が生じたようである。脊椎動物のホックス遺伝子でおもしろいのは、ハエなどの無脊椎動物には存在しない九番～一三番の遺伝子が上肢・下肢の骨の並びに関係していると思われる点である。九番が肩胛骨、一〇番が上腕骨、一一番が尺骨ととう骨、一二番が手根骨、一三番が手骨というように、ここでもゲノムの中での遺伝子の並びと骨の並びが対応している。

ホックス遺伝子が作り出すタンパク質は、細胞核内でＤＮＡに結合して、別の遺伝子の働きをコントロールする「転写制御因子」のひとつである。転写制御因子にはきわめて多くの種類があるが、ホックス遺伝子のように、生物の形を決めるのに関与しているものもある。たとえば、私の研究室の隅山健太博士が研究しているＤｌｘ遺伝子は、脊椎動物のあごの形に関係しているが、これも転写制御因子である。

ヒトゲノム——三〇億個の塩基配列

二一世紀の生物学はゲノムの時代である。「ゲノム」とは、ある生物の持つすべての遺伝情報のことである。その中でもわれわれ人間にとってもっとも興味のあるのは、自分たち「ヒト」のゲノムだろう。人間を生物の観点から論じるときは、このようにカタカナを使うことが一般的である。

ゲノムに格納されている遺伝情報の基本は「塩基配列」である。遺伝子の物質的本体であるＤＮＡは、アデニン（Ａ）、シトシン（Ｃ）、グアニン（Ｇ）、チミン（Ｔ）の四種類の塩基が、ビデオテープのように一列に並んでいることにより、遺伝情報をになうことができる。「塩基配列」とは、これらの塩基の並びを言う。ビデオテープの比喩を続ければ、画像情報を持っている部分と持たない部分があり、それらの情報はビデオデッキとテレビを用いてはじめて画像として再生することができる。しかし、もちろんビデオテープがなければなにも始まらない。つまり、ゲノムの塩基配列をすべて決定することは、生命というビデオ画像を見るためのビデオテープを得ることに対応する、きわめて重要なステップなのである。

三〇億個の塩基配列からなるヒトゲノムは、染色体の中に分断されている。人間は二倍体生物なので、その四六本の染色体には二ゲノムが入っている。人間の染色体は大きく二二対の常染色体と性染色体に別れる。性染色体は、男性はX染色体とY染色体が一本ずつ、女性はX染色体を二本持っている。常染色体は顕微鏡で観察したときの大きさの順に、第一番から第二二番まで名前がつけられている。ただし、第二一番の方が第二二番よりも小さく、最小であることがわかっている。図3・10は、人間の染色体構成を模式的に表したものである。ここで示されている縞模様は、特別な試薬で染色体を染めたときに見ることができるものである。この縞模様は、四種類の塩基の含量の違いをある程度反映していると考えられている。

染色体にはDNAだけでなく、タンパク質も含まれている。染色体からDNAだけを取り出すと、最終的には二重らせん構造までたどりつくことになるが、長大なDNAは毛糸を丸めるように複雑な折り畳み構造をとっていると考えられている。まだその全貌はわかっていないが、最初の段階は、ヒストンというタンパク質が団子状態になり、そこにDNAがまとわりつく

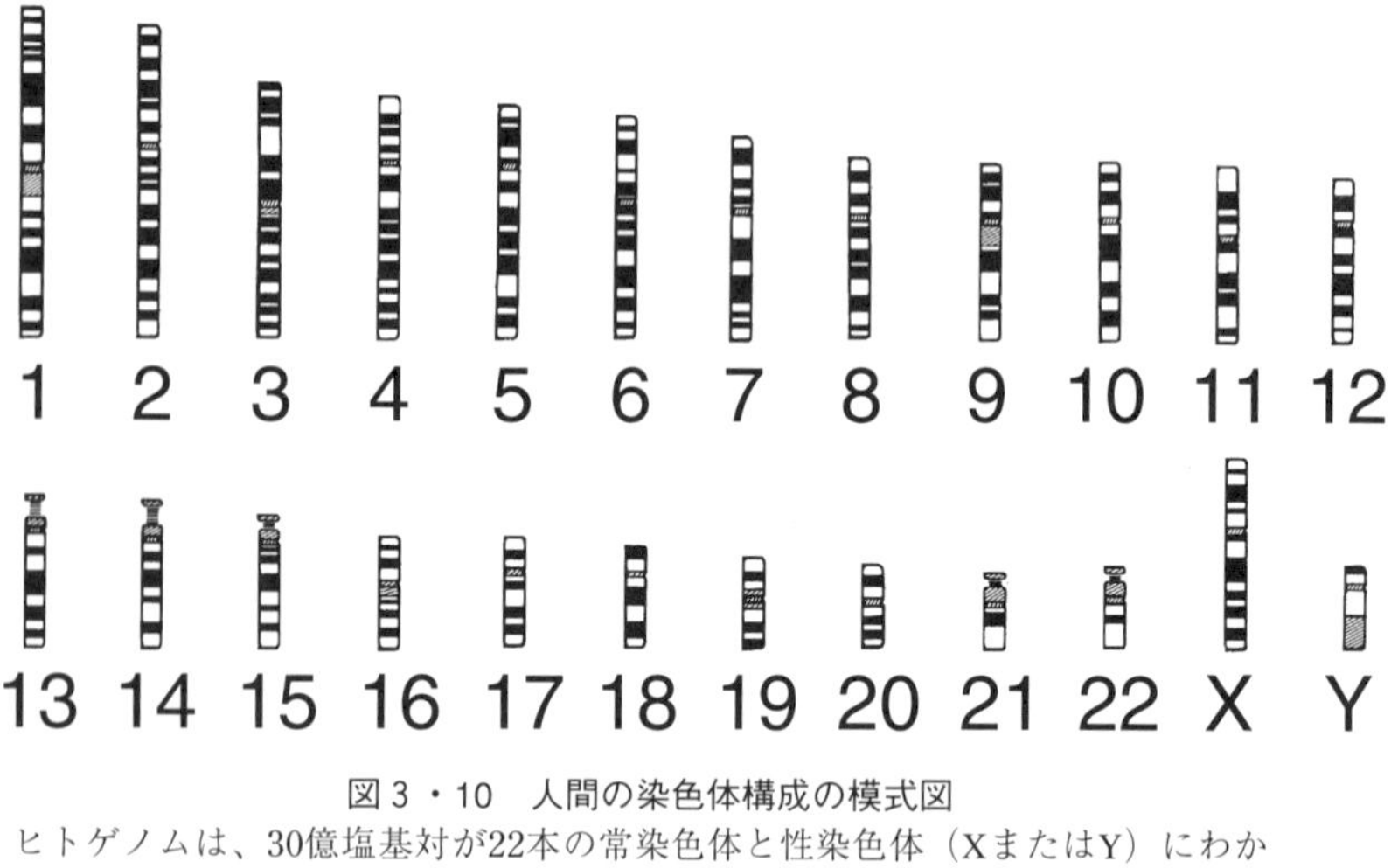

図3・10　人間の染色体構成の模式図
ヒトゲノムは、30億塩基対が22本の常染色体と性染色体（XまたはY）にわかれている。

「ヌクレオソーム」という構造であることがわかっている。図3・11には、染色体からDNAまでの物質的実態の想像図を示してある。

このように、モノとしてのDNAの高次構造はきわめて複雑であり、まだまだよくわかっていないが、根底レベルにあるDNAの塩基配列は、実験的にきちんと決定することができる。これが「ゲノム配列」である。図3・12は、ヒトゲノムの一部の情報をウェブサイト「アンサンブル」で表示した例である。ABO式血液型の遺伝子が位置している第九番染色体長腕の一部分である。アンサンブルは、欧州生命情報学研究所がその隣にあるサンガー研究所との共同で運営しているデータベースである。

人間のゲノムは三〇億個もの塩基配列から構成されているが、実はその大部分は遺伝子の情報を載せていない、**がらくたDNA**と呼ばれるものである。これは、第2章で登場した大野乾博士の命名であり、現在ゲノム科学の世界で広く使われている。意識を持つにいたった崇高な人間のゲノムの大部分ががらくたであるとは、ショックを受ける人がいるかもしれない。しかし、私はこう思う。生命とて、地球の表層にうごめくゴミやがらくたのようなものではないか。それらのゲノム中にがらくたがたくさんあっても、決して変ではない。

がらくたDNAを除くと、ヒトゲノムはずいぶん貧弱になるが、しかしその残りの部分に三万個とも四万個とも推定されている遺伝子の情報が含まれているのである。これらの遺伝子の大部分は孤独な存在ではなく、同じヒトゲノムの中に、かつて遺伝

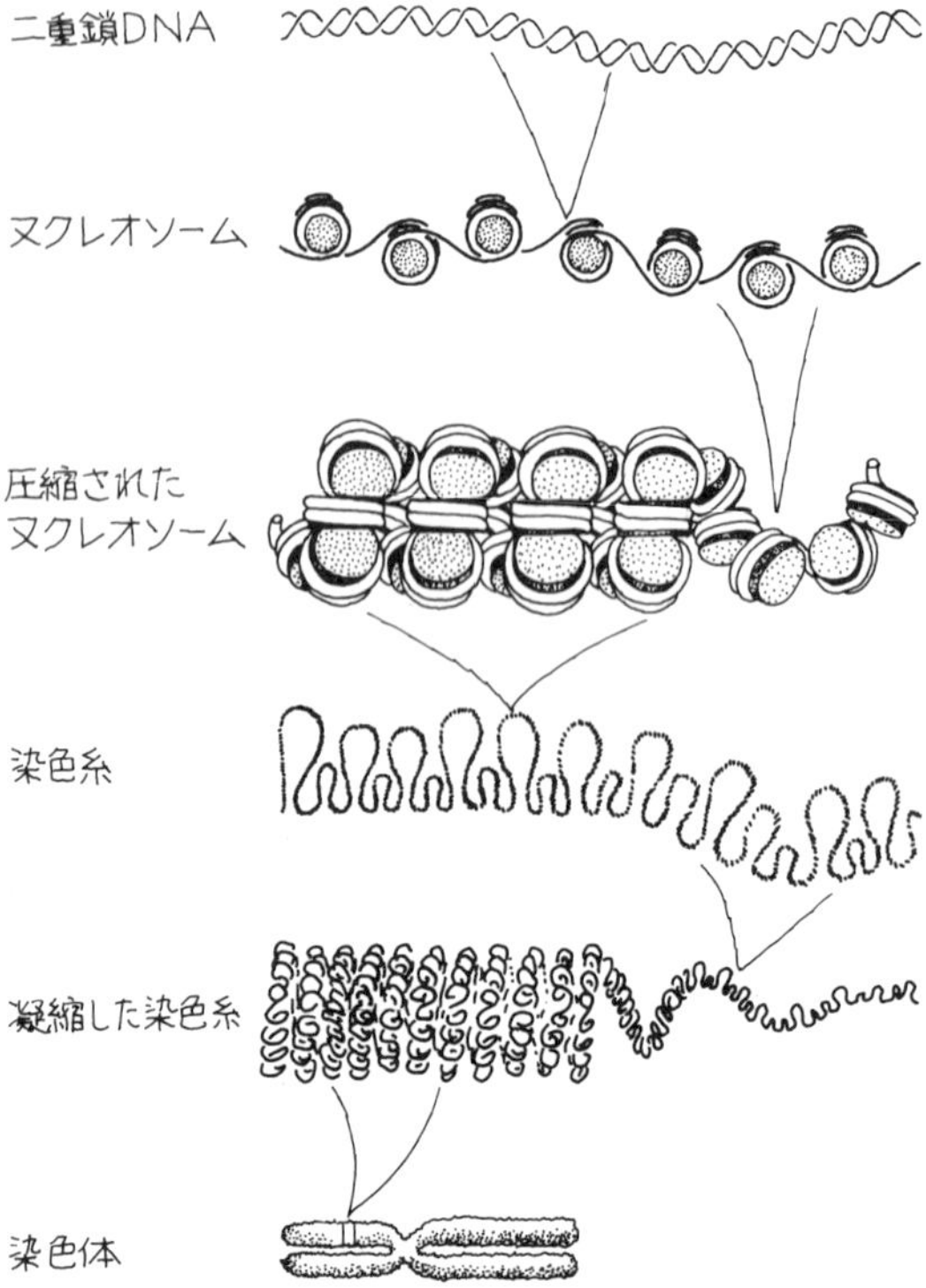

図３・11　染色体からDNAまでの構造モデル
ひきのばせば１細胞あたり１メートルにもなるDNAの二重鎖は、多段階で折り畳まれて小さな細胞の核内の染色体に格納されている。

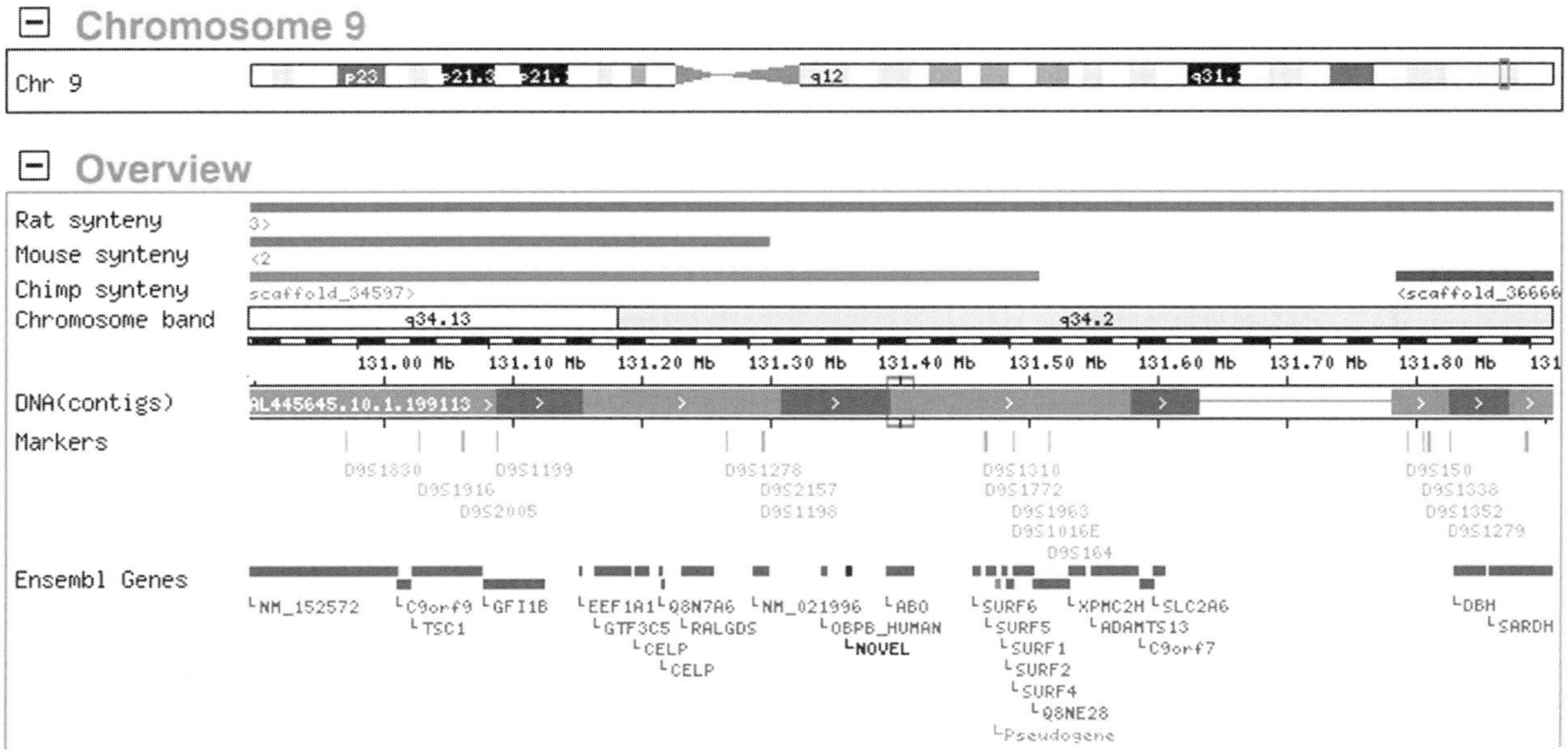

図3・12　ヒトゲノムの中の遺伝子の配置の例

英国のサンガー研究所と欧州生命情報研究所が共同で開発し運営しているEnsembl（アンサンブル）データベースを検索して、ABO式血液型遺伝子（中央下にある）を含むヒトゲノムの領域を表示したもの。左から右までおよそ100万塩基がカバーされている。

子重複によって生じた親戚の遺伝子がいる。最大の親戚数を誇っているのは、嗅覚受容体タンパク質の遺伝子であり、ヒトゲノムの中に一〇〇〇個ほど存在する。嗅覚は空気中にただよっている分子が、鼻の中の粘膜に分布している嗅覚神経の末端に存在している嗅覚受容体につかまえられることで生じる感覚である。カレーのにおい、香水の香り、糞のにおいなど、多種多様なにおいの分子が存在するが、それらはアミノ酸配列が少しずつ異なっている嗅覚受容体タンパク質のひとつに結合するのである。

ヒトゲノムにおいて、タンパク質の情報を担っている遺伝子の平均像は次のようなものだ。タンパク質は平均して四〇〇個ほどのアミノ酸が連なっており、それらは七～八個のエクソン[1]から構成された二〇〇〇塩基ほどがつながったメッセンジャーRNAから翻訳されてできあがる。イントロン[2]はエクソンよりもずっと長く、平均して一遺伝子あたり二万塩基ぐらいもある。エクソンの一〇倍である。エクソンとイントロンを含めたひとつながりを仮に「遺伝子」だとすれば、単純計算すれば、この意味での遺伝子はヒトゲノム中の四分の一程度を占めることになる。残りの約四分の三が遺伝子間領域と呼ばれる、「つなぎ」の部分である。これらつなぎの部分と、「遺伝子」内部のイントロンの大部分はがらくたDNAである。

これら膨大な遺伝子の情報をかかえているヒトゲノムの全貌は簡単につかむことはできない。現在でも、A、C、G、T四文字の並びからなるゲノムの塩基配列情報のどこに何個ぐらい遺伝子が存在しているのか、まだよくわかっていない。いろいろな

[1] **エクソン**　DNA塩基配列の中で、mRNAに転写される部分を言う。英語では **exon**。

[2] **イントロン**　DNA塩基配列の中で、最初長い領域が転写されたあと、スプライシング（つぎはぎ）によって切り捨てられてしまい、最終的な成熟型のmRNAにならない部分のこと。英語では **intron**。介在配列とも呼ぶ。イントロンのない遺伝子も多い。

コンピュータ解析も行なわれているが、生物学者の持つ知識が不足しているために、四文字の塩基配列と格闘しているといったところだ。たとえば、これまでの話の中心は、タンパク質の情報を持つ遺伝子だったが、最近は細胞の中で働くさまざまな種類のRNAが注目されており、これらのRNA塩基配列の情報を持っているゲノムDNAの領域がどこにあるのか、手探りの研究がされているところである。三〇億個もあるヒトゲノムの塩基配列情報は巨大な知識ではあるが、その中に隠されている遺伝情報という真の知識を解き明かすには、まだまだ時間がかかるだろう。

遺伝子の系図——人間の中の遺伝的違いを探る

遺伝子の系図

生物種間の違いほどではないにしろ、地球上のあちこちに住むヒトのあいだには、人類進化の歴史に対応したそれ相応の違いがあるはずである。そこでここではヒトという生物種内の違いを考えてみよう。

細胞内小器官であるミトコンドリアのDNAは、ヒトの場合総塩基数が約一万六五〇〇個と小さく、進化速度が速いこともあり、最近はヒトの中の遺伝的多様性を調べる研究によく用いられている。ミトコンドリアDNAは母性遺伝をするので、この遺伝子の系図は女性のみをたどった系図と考えることもできる。図3・13は、人間五三人におけるミトコンドリアDNAゲノムの遺伝子系図である。小さいとはいえ、ミトコンドリアDNAの全配列を用いているので、この論文から**集団ゲノム学**という言葉が誕生した。この遺伝子系図の枝分かれパターンを吟味してみると、まず人類全体の共通祖先からアフリカ人の系統が何回か枝分かれしていることがわかる。これは、現代人の祖先集団がアフリカに出現して、そこからユーラシアへ、さらに他の地域へと

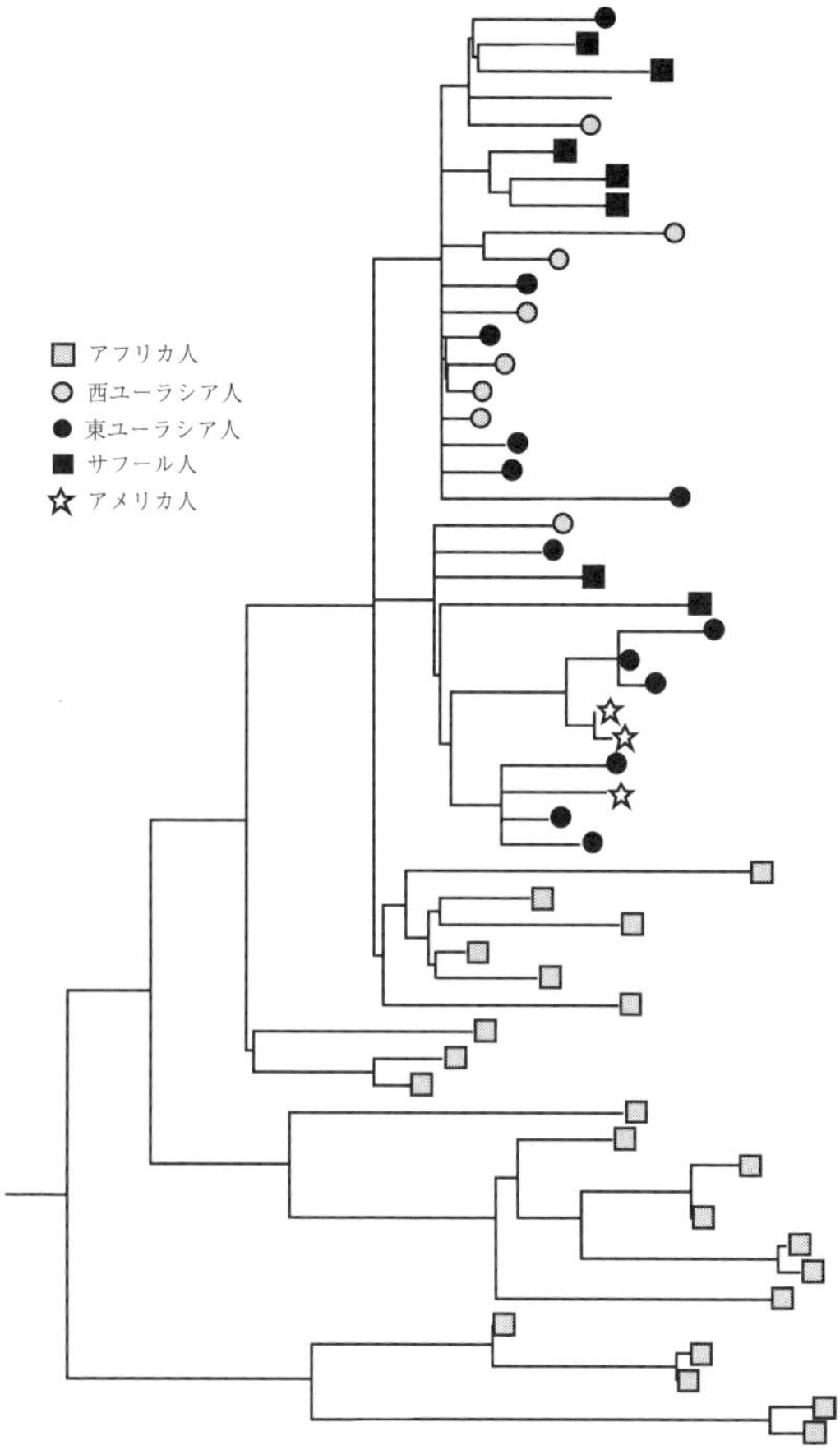

図3・13　人間53人のミトコンドリアDNA全ゲノムの遺伝子系統樹

共通祖先ゲノム（左下に位置する）から右に向かって、時間の経過とともに突然変異が蓄積するので、それによってミトコンドリアゲノムの系統関係が復元された。アフリカ人（▩で表されている）の系統がまず分岐したあと、他の地域の人間の系統が分岐したことがわかる。なおサフールとは、氷河期にオーストラリア大陸とパプアニューギニアがくっついていたサフール大陸のこと。

広がっていったことを示唆している。この人類進化に関する仮説を「アフリカ単一起源説」と呼ぶ。

遺伝子の系図は、「ミトコンドリア・イブ」というキャッチフレーズのもとに、しばしば間違って理解されてきた。現在地球上に生きているすべての人間のミトコンドリアＤＮＡの共通祖先ＤＮＡは必ず存在する。ミトコンドリアＤＮＡは母系遺伝をするので、その共通祖先ＤＮＡは、ひとりの女性が持っていたものである。しかし、この女性をユダヤ教やキリスト教の旧約聖書に登場する、エデンの園でアダムと暮らしていた全人間の先祖のイブになぞらえる比喩はいただけない。共通祖先ＤＮＡを持っていた個体が生きていた時代には、その他にも同様な遺伝子を持つ個体が多数存在していたはずだからである。たまたまひとつの遺伝子の子孫が増えていっただけにすぎない。

ミトコンドリアＤＮＡは常にひとまとまりで遺伝するので、全世界の人間の共通祖先遺伝子は一個だけである。ところが遺伝子の大部分は、二三対の染色体に分かれている細胞核内のＤＮＡにある。これらの遺伝子は両親から伝えられ、それぞれの遺伝子座ごとに祖先がいる。このような遺伝子は染色体上の特定の場所にあるので、その場所は**遺伝子座**と呼ばれる。ある遺伝子座には、父親由来と母親由来のそれぞれの遺伝子がある。

しかもその祖先のいた時代は、遺伝子座によってばらばらである。これは染色体の中で絶えず組換えが生じるので、同一の染色体の中でも少し離れたところに位置する遺伝子は、それぞれ独立に子孫遺伝子を増やしているとみなすことができるからである。全染色体を考えればこのようにセットで伝わる遺伝子の種類は三〜四万個と推定されている。したがって、これらの遺伝子の祖先はさまざまな時代に散らばっているのである。ヒトゲノムの中の遺伝子座にはそれぞれに枝分かれパターンがすこしずつ異なる遺伝子系図が存在するので、それらを描いてみたら、ゲノムに生い茂る森林のように見えるだろう。

細胞核内にはミトコンドリアDNAの約四〇万倍もの核DNAが存在するが、この巨大さからくる複雑さのために、遺伝子の系図分析はミトコンドリアほど活発に行なわれてきたわけではない。ミトコンドリアに続いて層の厚いデータがあるのは、Y染色体である。こちらは男性にしか存在せず、男系をたどることができる。ミトコンドリアDNAほど速く変化しないのが難点だが、その代わり、サイズがずっと大きい。図3・14は、世界の多数の男性を調べた結果得られた、Y染色体の系図である。こちらの場合も、ミトコンドリアDNAと同じく、まずアフリカ人の系統が枝分かれしている。

個人のあいだの違い

現在地球上に存在する人間は、地理的にいろいろな地域に分布している。かつてはこれらの地域集団は時間がたてばたつほど遺伝的に異なってゆく方向にあったが、文明の発展とともに交通が頻繁になると、遺伝子も混ざりあうようになってきた。このため、地球全体として、人間の集団は等質化の道をたどっている。ところが、個人差となると話が違う。遺伝的に違いのある二集団が遺伝子を交流させる（混血すること）と、集団のあいだの遺伝的差異は減少するが、個人個人の持つ遺伝子が子孫に伝えられてゆくことには変わりがない。むしろ、遺伝的な個人差は増えつつある。

遺伝子から見たとき、どの程度の個人差があるのだろうか。人間にもっとも近いチンパンジーと人間とのＤＮＡの違いは、およそ１・２％である。人間の中の違いはそれよりもずっと小さい。ヒトゲノム全体を調べた結果によると、約０・０７％、つまり一万分の七である。遺伝子ＤＮＡのレベルでは、「個人差」はこの程度のものなのである。ある意味では、自分と他人の違いは無視できるほど小さく、地球上の人間全員がほとんど同一の遺伝子ＤＮＡを持っていると言えよう。

しかし見方を変えて三〇億個の塩基からなるヒトゲノムの全体を考えれば、自分と他人との違いは三〇億個×０・０７％＝２１０万個もあるのだ。これが遺伝的個人差の総体である。遺伝子によっては共通祖先がもっと近い場合も遠い場合もある。特に、免疫系に関係する「主要組織適合性複合体」[1]（ＭＨＣと略する）の遺伝子では、特殊なタイプの自然淘汰が働いているため、人間同士のあいだの遺伝子の違いが、チンパンジーとの違いをはるかに上回る場合がある。図３・15は、ＭＨＣの遺伝子のひとつ

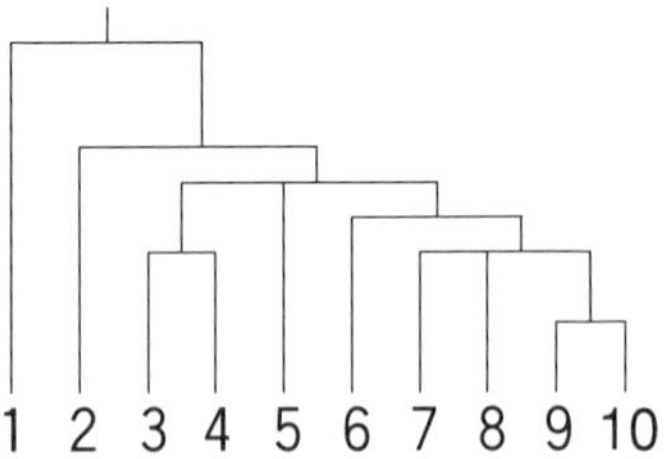

図３・14ヒトゲノムにおけるY染色体の系図

１～10はY染色体の主要な系統を示す。Y染色体はミトコンドリアゲノムとは対照的に、男性だけに伝わるが、ここでもアフリカ人のY染色体の系統（１と２）がまず分岐していることがわかる。

であるＨＬＡ[2]のＡ遺伝子座の遺伝子系図である。チンパンジーに系統的に近い遺伝子と、ずっと遠い関係にある遺伝子が人間の中に混在していることがわかる。

子供は母親と父親からゲノムを一セットずつ受け継ぐので、半分の遺伝子は片親と同一である。しかし子供の遺伝子の組み合わせ（遺伝子型）は、どちらの親とも異なっている場合がある。たとえばある遺伝子座で母親がＭ遺伝子とＯ遺伝子のヘテロ接合で、父親は母親の遺伝子とは別の、Ｆ遺伝子とＡ遺伝子のヘテロ接合だったとしよう。このとき、これら二人から生まれる子供の遺伝子型は、ＭＦ、ＭＡ、ＯＦ、ＯＡという四種類のヘテロ接合であり、どの場合でも両親の遺伝子型とは異なっている。ただし、どの場合でも半分の遺伝子はどちらかの親から伝えられている。

「兄弟は他人のはじまり」ということわざがあるが、遺伝子から見るとまさにそのとおりである。これは、人間が二倍体生物だから生じることであるが、どの二倍体生物でも同じ論理が成り立つ。同じ組み合わせの父親と母親が作り出す精子と卵に伝えられるゲノム上の遺伝子の組み合わせが、ひとつひとつの精子や卵によって異なるため、同じ両親から生まれる兄弟姉妹は遺伝的にすべて少しずつ違っているのである。これら配偶子（卵や精子のこと）の運ぶゲノムのセットは、減数分裂によって通常の二倍体細胞から作られる。この際、二二対の常染色体と一対の性染色体はいったんばらばらになったあと、さまざまな組み合わせで二グループに分かれてゆく。このため、ひとつの減数分裂で生じる一倍体ゲノムには、二の二三乗（八〇〇万余）の可能性が

[1] **主要組織適合性複合体**　ある人間の細胞組織を別の人間に移植したときに、それが移植された人間の免疫系の攻撃を受けない場合に、適合して移植が成立することがある。このような適合を左右する原因として発見された一連の遺伝子が、ヒトゲノム中の六番染色体短腕の特定領域に集中していたので、その領域にこのような名称がつけられた。英語では、Major Histocompatibility Complex、略してＭＨＣ。

[2] **ＨＬＡ**　ヒト白血球抗原（**Human Leucocyte Antigen**）のこと。ＭＨＣ領域にＡ、Ｂ、Ｃという主要三遺伝子座があるほか、ＤＲ、ＤＱという別の種類の遺伝子もＭＨＣ領域に存在する。

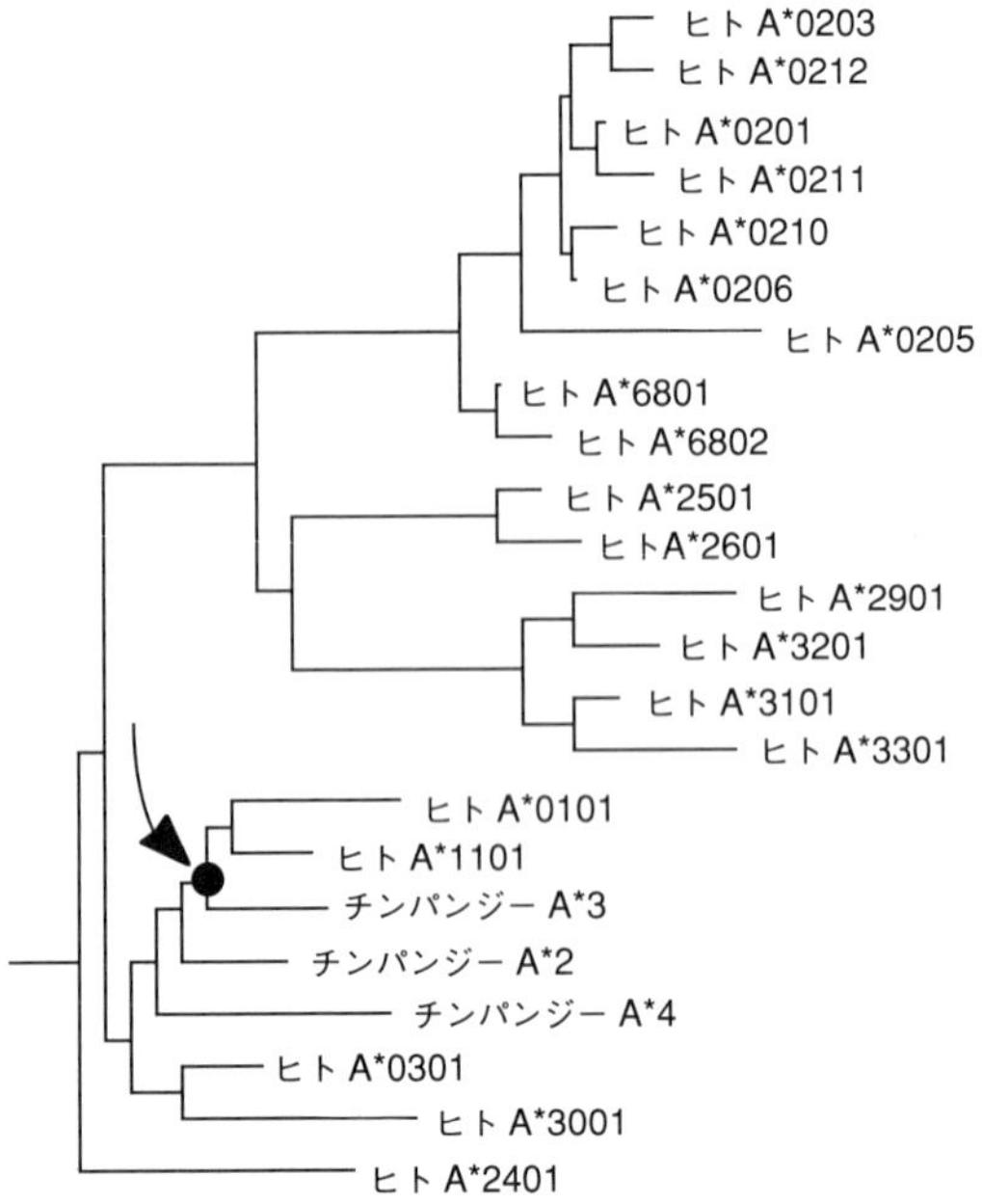

図3・15　HLA遺伝子の種を超えた遺伝的多型

人間のHLA-A遺伝子座の塩基配列に、対応するチンパンジーの2塩基配列を含めて作成された遺伝子の系統樹。●は人間とチンパンジーの種としての分岐点にほぼ対応するので、人間のHLA-A遺伝子の共通祖先はそれよりももっとずっと昔にさかのぼる。

ある。減数分裂の際には、さらに異なる染色体が途中でモザイク状になる「組換え」が生じるので、可能性はさらに膨れ上がる。同じ一組の男女から生まれる兄弟姉妹のあいだでも、このように遺伝的に異なっているのだ。

第４章　ゲノムから出発する生物学

ゲノム情報は、現代生物学の根幹となりつつある。この章ではゲノムの塩基配列がどのように生物学の研究に使われているかの実際を、いろいろな例を用いて紹介する。それには、生物の多様性、がらくたDNAをはじめとするゲノムの中立進化、遺伝子の共和国としてのゲノム、ABO式およびRh式血液型遺伝子の進化、SNPを利用した遺伝子発見、DNAチップを用いた遺伝子発現の研究などが含まれる。

塩基配列とゲノム文法——ゲノムの中の二段階の情報

ゲノムは、簡単に言えば四種類の塩基（A、C、G、T）が延々と並んだものである。これらの「塩基配列」は、文字どおり塩基の頭文字を用いて表すことができる。これが第一段階の遺伝情報である。しかし、これだけでは生物の働きはわからない。もう一段階上の情報が必要となる。それは、これら文字の連なりがどのような意味を持つかを示す、いわば「辞書」のような情報のことである。生物学、特に遺伝学の長年の研究によってこのような辞書が作り上げられてきた。それには、遺伝暗号、エクソンとイントロン、オペロン[1]など、多種多様なものがある。

しかし、ゲノム配列にはそのような辞書は存在しない。生物の場合、辞書に相当するのは、細胞である。細胞の中にゲノムがあってはじめて遺伝子の情報がゲノム配列から引き出されるからである。このため、狭義のゲノム研究はゲノムの塩基配列を決定することを指すが、広義のゲノム研究は、これらゲノム中の遺伝子が細胞の中でどのように発現して生命を形作っているかを、ゲノム全体として調べることを意味するのである。この第二段階の辞書情報は、ゲノムの塩基配列よりもはるかに複雑である。

［1］オペロン　原核生物のゲノムにおいて、複数のタンパク質遺伝子とそれらの発現を制御するDNA部分をまとめた単位。制御する（operate）から来た言葉。

それは、ゲノム塩基配列が「構造」というモノに密接に対応するのに対して、こちらは「機能」というコトに関連するため、記述するのが簡単ではないためだ。自然界の事象を記述するには、やはりなんらかの物質的基礎を持つ「構造」をつかまえるのがよい。それはたとえばDNAから転写されるメッセンジャーRNAの種類と量（トランスクリプトーム）であり、メッセンジャーRNAから翻訳されてさらに翻訳後の修飾を受けたタンパク質の一群の把握（プロテオーム）である。最近はさらにタンパク質だけでなく、生体の代謝（メタボリズム）で現れるすべての分子を枚挙する「メタボローム」という概念も提唱されている。このように、遺伝子の機能というコトの世界も、多種多様な分子というモノの把握によって理解しようというのが、現代生物学の論理である。今ひとつスマートさはないが、正攻法である。こうして生成された膨大な構造情報から、機能情報を引き出そうというのである。

実際にゲノムの中の情報が使われているありさまは、本当は辞書という比喩では不適切である。辞書は五十音順やABC順に単語が並べられ、それらの意味が書いてあるにすぎないからだ。それを使うには、文法を知っている人間の存在が必要となる。一方、生命現象を説明するのに、人間社会の用語を使おうとすると無理が生じることもある。細胞の中の分子の振る舞いと人間の思考には、後者が前者を基礎としているとは言え、大きな隔たりがあるからだ。とはいえ、辞書があるのとないのとでは大きな違いである。とりあえずここでは、辞書と思っていたゲノム配列の中には、文法のようなものを示す情報も入っているとしておこう。これら「ゲノム文法」によって、遺伝子の発現ネットワークが組み立てられている。そのネットワークにはタンパク質だけではなく、糖、脂質、ビタミン、金属などの多種多様な分子がかかわっており、それらのあいだの膨大な相互作用こそが、最終的な生命活動の実体だといっていいだろう。

ゲノム学——現代版自然史

生物の独自性を知りたい

ジャック・モノーは、大腸菌を使ってオペロンを発見したことで有名なフランスの分子遺伝学者である。彼の名前を冠した「ジャック・モノー研究所」がパリ大学の中にある。彼は「大腸菌にあてはまることは、ゾウにもあてはまる」というキャッチフレーズで、生物界の共通性を強調した。しかし大腸菌の遺伝子をいくら調べても、ゾウの鼻を長くする遺伝子は見つけられないだろう。逆に、大腸菌にしかない特別の働きをする遺伝子もあるはずだ。現代の遺伝学は、多くの生命現象に共通のものを見いだそうという方向から、ある生物や生物群を特徴づける遺伝子の発見に転換しつつある。

私は一九七〇年代、大学二年のころにヘモグロビンを例とする分子進化の話を授業で初めて聞いた。そのとき、それもいいけれど、ヘモグロビンはヘモグロビンのままじゃないか。たとえば、ナスのあの独特な味を決めている分子の進化なんかおもしろいんだがなあ、と考えたことをおぼえている。ナスの味はナス特有であり、ほかに似た味を私は知らない。このような生命の独自性は、これまでもっぱら目で見える形態によって、生物の分類に用いられてきた。しかし、遺伝子決定論から言えば、これらの形態も遺伝子の違いが根本にあるはずだ。したがってゲノムの塩基配列のどこかに、その生物種の特異性を与える配列が存在するはずである。

近年、ヒトをはじめとして、マウス、ラット、フグ、ゼブラフィッシュ、ショウジョウバエ、エレガンス線虫など、さまざまな動物のゲノム塩基配列決定が急速に進められている。特にヒトゲノムは、三〇億塩基対という巨大さにもかかわらず、米国・英国・日本を中心とする研究機関の国際チームが、ヒトゲノムの塩基配列の99%を二〇〇三年に決定した。

しかしながら、これらのゲノム塩基配列決定計画は、巨大な生命の進化樹の中の「点」としてのモデル生物についてのみ解明が進んでいるにすぎないと言えよう。これらモデル生物を対象としていたゲノム計画第一段階のあとには、各生物群の特殊性を探る第二段階が到来しつつある。それは、生物進化の過程で徐々に蓄積していった各生物系統の「独自性」を調べ上げてゆくことである。この独自性こそ生命の多様性の根元であるが、その解明には近縁種間の詳細な比較が必要である。これは、種の独自性を与えている種固有の遺伝的変化を知るためには、その種の遺伝情報だけでなく、近縁種の遺伝情報を調べて比較する必要があるからである。今、生物アのゲノムの独自な進化を知りたいとしよう。生物アのゲノム塩基配列が必要であることはもちろんだが、その近縁種である生物イとの共通祖先Xから分岐したあとの、生物アの独自な進化は、生物イのゲノム配列を調べることによってはじめて知ることができる。

しかしそれでもまだ不十分である。われわれは現生種アとイのゲノム配列しか知ることができないので、図4・1のようにある塩基サイトで生物アがG、生物イがTであった場合、違いは明瞭だが、違いの生じた方向（GからTなのか、TからGなのか）はわからない。祖先種Xのゲノム配列を直接知ることができれば方向は明らかとなるが、それはできない相談である。ところが、生物イよりも少し進化的に離れている近縁種ウ、エについてもゲノム配列を決定すれば、最大節約原理（必要とされる変化を最小とする進化経路を選ぶ）によって、祖先種Xがこのサイトで持っていた塩基を推定することができる。図4・1では、生物アだけが塩基Gであり、他の近縁種イ、ウ、エはみなTなので、祖先種X、Y、Zはともに塩基Tであり、生物種アへの系統が祖先種Xのところで生物種イへの系統と別れたあとに、TからGへの塩基置換が生じたと推定される。ただし、この推定の精度を高くするには、近縁種を比較することが重要である。生物アがヒトである場合、イ、ウ、エがバクテリアではもちろん遠すぎるし、同じ哺乳類のマウスやウシでも遠すぎる。もっとずっと近い生物種を調べるべきである。となると、哺乳類の中でも、人間が属する霊長類、特に

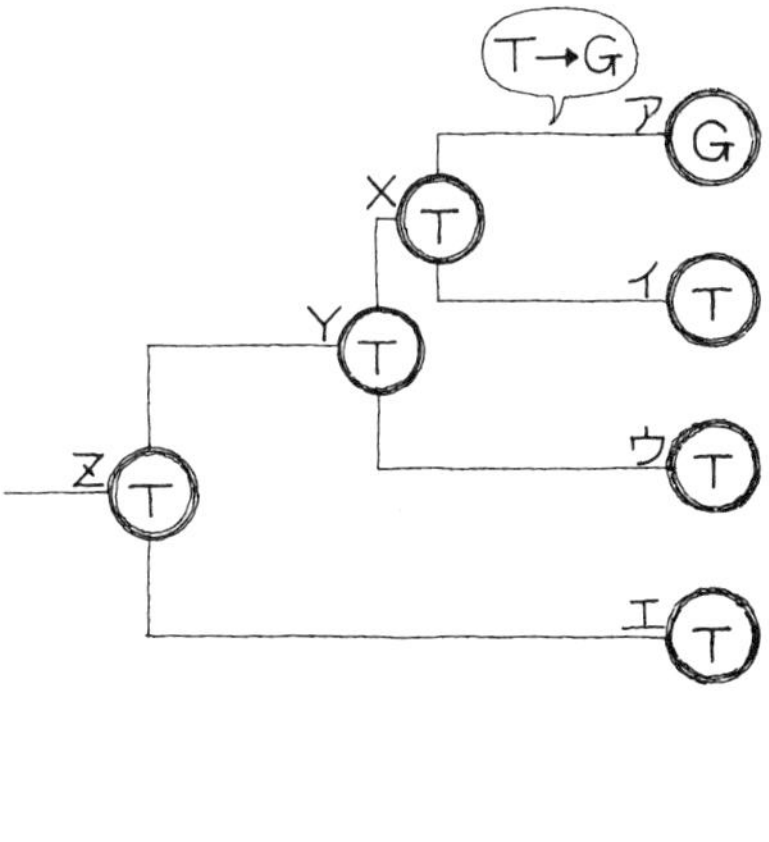

図4・1　ある生物特異的なDNA変化を発見する方法
ア～エは現在生きている生物、X、Y、Zはそれらの共通祖先種である。○のなかは、ある特定の遺伝子の特定の塩基位置にどのような塩基があるのかを示している。

類人猿を調べるべきだということになる。

共通性から多様性へ

生物学の歴史は少なくとも二三〇〇年以上前の、古代ギリシアのアリストテレス[1]にまでさかのぼる。しかし近世になって細胞が生物の単位であることが発見されるころまで、生物学の中心は博物学だったといっていいだろう。細胞からさらにその下のレベルへ生化学の知識を用いて降りてゆき、ダーウィン以降の近代進化論が示す生物単一発生論の論理的帰結として、無生物、つまり細胞以前の分子状態の段階を経て生命が誕生したことが明白になった。この論理と、DNAの二重らせんという分子構造の発見は、しっかりとつながっている。

こうして細胞から核へ、染色体へ、そしてDNAへと、宇宙物理学がビッグバンにさかのぼるにつれて物理学法則を統合していったのに似て、全生物の共通性を求めた旅は二〇世紀の中頃に終わった。その後の分子遺伝学、分子生物学の発展は、あたかもプールでターンを切るように方向転換をして、生物の多様性解明に向かって進んでいった。分子生物学の勃興までの遺伝学は、メンデルが用いたエンドウに始まって、ショウジョウバエ、アカパンカビ、大腸菌、ファージというように、より実験の簡単な生物を用いた研究へという方向だった。しかしいったん全生物に共通なシステムが発見されれば、興味が各生物群における独自性へと移ってゆくのは当然の流れと言え

[1] アリストテレス　西暦紀元前三八四〜前三二二。古代ギリシアの自然哲学者。プラトンの弟子であり、西洋哲学の基礎を築いた。多数の生物現象も研究したので、動物学の父とも呼ばれる。マケドニアのアレキサンダー大王の家庭教師もつとめた。

よう。それは生物学の長い伝統への回帰とみなすこともできる。

現在、生物多様性を研究する重要性が叫ばれているが、それは実は四〇年以上前からの生物学のこのようなトレンドの延長線上なのである。ゲノムまるごとの塩基配列決定も、この多様性探索の波の上にあることは明白である。多様性は独自性の重ね合わせである。このような生物の多様性は、進化によって生み出されてきたものだ。

生物をまるごと理解する、というのは生物学者の夢である。いわゆる狭い意味でのゲノム計画は、ゲノムの塩基配列をすべて決定することであるが、それは自然界を枚挙的に理解しようとしてきた「自然史」[2]の現代版である。すなわち、ゲノム学は、生物学の王道である「自然史」(ナチュラル・ヒストリー)への回帰なのだ。

[2] **自然史** 英語で natural history の訳語。自然界全体の記述をすることを指す。博物学とも呼ばれる。

偽遺伝子――ゲノム進化の基本は中立進化

偽遺伝子とがらくたDNA

ゲノムに生じる遺伝的変化のひとつとして「遺伝子重複」がある。これによって、それまでゲノム中にひとつだけ存在していたある遺伝子が、コピーを子孫に伝えるときに二つのコピーが同じ個体に伝わってしまい、このためゲノム中にまったく同じ塩基配列を持つ二個の遺伝子が誕生するのである。重複したあとの二個の遺伝子コピーがどうなるかを考えてみよう。これらのコピーはそれぞれ独立に塩基置換などの突然変異を蓄積してゆくが、その中には、遺伝子の機能を決定的に損ねてしまうので、普通なら残ることができないものもあるだろう。タンパク質のアミノ酸配列が途中で終わってしまうナンセンス突然変異や、コドンの読み枠がずれるフレームシフト突然変異がそれにあたる。

遺伝子重複が生じる前なら、このような突然変異は著しく生存に不利なので、すぐ消えてしまう。しかし、今や二つの遺伝子があるので、一つにガタがきても、もうひとつの遺伝子がちゃんとしている限り、そのような突然変異を持った生物個体は大丈夫である。そのため、どちらか片方の遺伝子コピーはその機能を失ってしまうことがあると予想できる。このような遺伝子を、働きを保っている**機能遺伝子**と区別して**偽遺伝子**と呼ぶ。偽遺伝子はタンパク質を作り出すことがうまくできないので、その意味では死んでいるが、遺伝子DNAそのものは、ゲノムの中にとどまって親から子へと伝えられてゆく。

偽遺伝子の進化速度が機能を保持している遺伝子よりも速いことは、中立進化論が予言したことである。偽遺伝子は、機能を持ったタンパク質を作れなくなる強烈な突然変異をくらって死んだ状態になってしまったのだから、そのあとはどのような突然変異を繰り返し受けても、生物個体は平気なはずである。すると、今まで自然淘汰によってすぐ消えていってしまった、フレームシフトを起こす塩基の挿入欠失や終止コドン[1]にかわる突然変異も、偽遺伝子では蓄積されることが可能になる。その分だけ偽遺伝子の進化速度が大きくなるはずである。実際にそうであることが、現在までに多数の偽遺伝子と機能遺伝子の比較から証明されている。

がらくたDNAと生命の歴史性

ヒトゲノムのがらくたDNAの中でかなりの割合を占めるものに、Alu配列と呼ばれるものがある。ひとつの単位は三〇〇塩基くらいの短い配列だが、一〇〇万コピーも存在する。つまり、Alu配列だけで三億塩基、ゲノム全体の10％を占めている

[1] **終止コドン**　三個の塩基のつながりから構成される遺伝暗号（コドン）は六四種類あるが、その大部分は特定のアミノ酸に対応している。しかし三個（RNAの段階でUAA、UAG、UGA）はアミノ酸に対応せず、タンパク質のアミノ酸配列の終わりを与える。そのため、これらを終止コドンと呼ぶ。ストップコドン、ナンセンスコドンとも呼ばれる。

のだ。Ａｌｕ配列はレトロポゾンと呼ばれる種類の遺伝子であり、その一部は自分自身のコピーをゲノム中で増殖させる。この配列の大部分はヒトにとってはゴミみたいなものだ。このほかにも、Ｌ１と呼ばれる単位長のもっと長いものがある。まとめて、「散在繰り返し配列」と呼んでいる。ヒトゲノムには、これら繰り返し配列がおびただしく存在しており、ゲノム全体の過半数を占めている。

偽遺伝子やイントロン、散在繰り返し配列を含めると、ヒトゲノムの中の大部分（95％以上）は、まともな遺伝子の情報を担っていない「がらくたＤＮＡ」と呼ばれる領域なのである。ではどうしてゲノムの中にこんなにたくさんの「がらくた」があるのだろうか。それを説明する論理は、中立進化を経てきた生命の「歴史性」だ。生物は無目的な突然変異が膨大な進化時間を経てできあがってきた、すぐれて歴史的な存在なのである。ゲノムの中で遺伝子重複が生じて、片方の遺伝子が機能を保持しつつ、一方でもう片方の遺伝子が偽遺伝子になり、中立突然変異をフルに蓄積してゆく。Ａｌｕ配列のような繰り返し配列がゲノムの中にはびこり、それらの中でも中立進化が生じてゆく。遺伝子の中のイントロンでも、その大部分は中立進化をしている。タンパク質のアミノ酸配列の情報を与えている部分があるエクソンにおいても、アミノ酸が変化しないような塩基の変化（同義置換）は中立進化をしている。このように、ゲノムの進化において、自然淘汰なしの中立進化は一般的・普遍的な現象である。

遺伝子の共和国としてのゲノム——遺伝子発現のカスケード

ゲノムには多数の遺伝子があるが、それらはお互いに複雑な相互作用を及ぼしていると考えられている。この意味で、ゲノムは「遺伝子の共和国」と呼んでいいだろう。この見方に対して、**マスタースイッチ**という考え方がある。これは特に発生遺伝学でよく使われる考え方である。どちらの発生過程をたどるかについて、あるひとつの遺伝子が決定的な役割を果たし、その遺伝子のスイッチがオンになる（遺伝子が発現される）と初めて他の一連の遺伝子（下流の遺伝子）が発現するようになる。このような遺伝子発現のコントロールが一方向にだけ進む場合、全体として滝が流れる様にたとえて、**カスケード**とも呼ぶ（図4・2）。しかし、マスタースイッチと考えられている遺伝子とて、常に他の遺伝子から影響を受ける可能性があるので、情報が上意下達だけで伝わるという、いわば「遺伝子の帝国」といった観点は、ゲノムにはあてはまらないと私は思う。

哺乳類に特徴的な遺伝子にはどのようなものがあるだろうか。まだほとんど発見されてはいないが、そのひとつに、性決定遺伝子がある。哺乳類はヒトでもそうであるように、性染色体がXとYの二種類あり、オスはXY、メスはXXである。ところが、鳥類は別のタイプの性染色体WとZがあり、今度はメスがWZ、オスがWWである。この違いは、哺乳類で性をオスにするスイッチ遺伝子であるSryが、哺乳類の共通祖先で出現したためであり、鳥類ではまだわかっていないが、Sryではない、未知の遺伝子が関与している。脊椎動物の中で、哺乳類以外で性決定遺伝子が発見されているのは、メダカのDMY遺伝子である。この遺伝子は、二〇〇二年に、長濱嘉孝教授（基礎生物学研究所）のグループと酒泉満教授（新潟大学理学部）のグループが発見したものである。哺乳類にもDMYに対応する遺伝子はあるが、性決定は別のSry遺伝子が担当しているのである。おそらく、このようにオスになるというような最終的な表現型は同じであっても、生物群によって別の遺伝子を使うという例はまだまだ多いだろう。哺乳類の先祖でオスを決めるのに関与していたある遺伝子

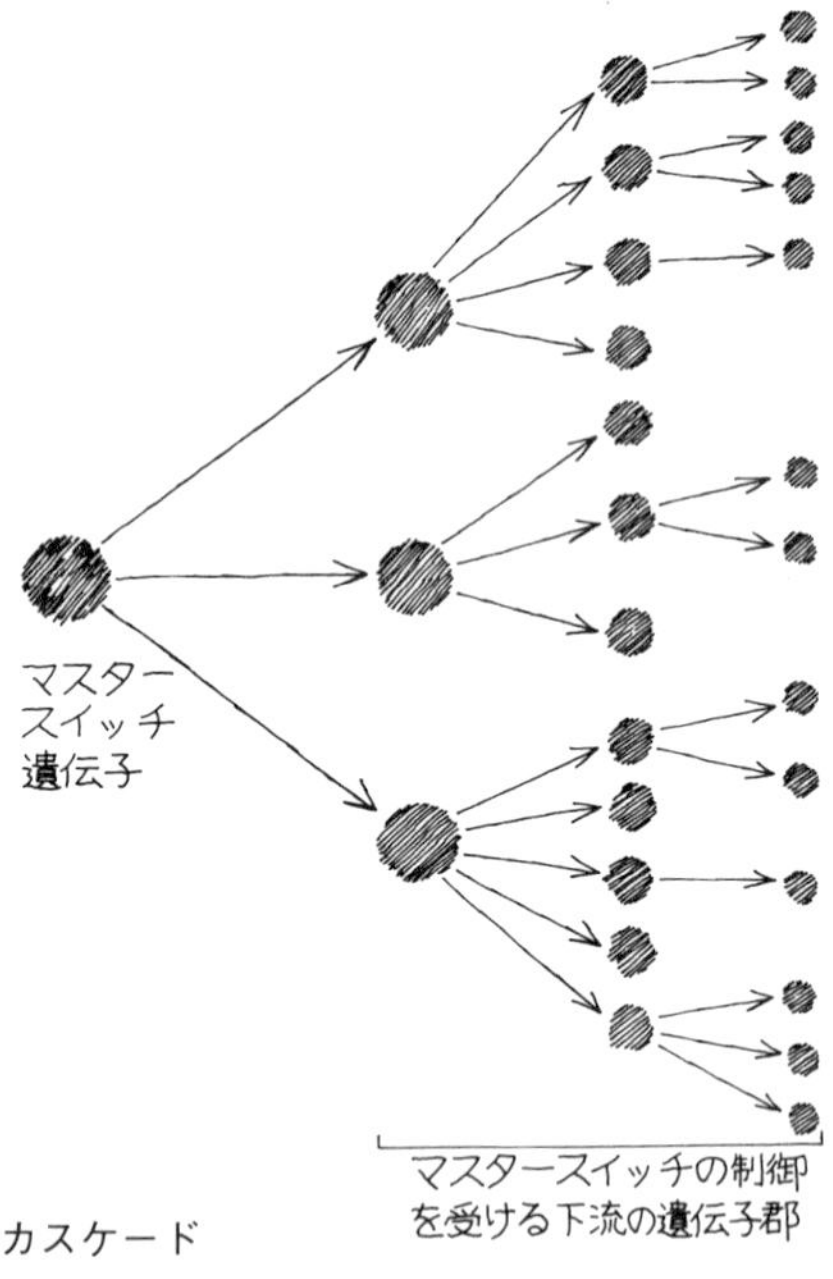

図4・2　遺伝子発現のカスケード

Xが、ある時新興勢力とも言うべきＳｒｙに「乗っとられた」という可能性がある。

Ｓｒｙは、転写制御因子のひとつであるＳＯＸ遺伝子族に含まれる。哺乳類が出現した頃に、ＳＯＸ遺伝子族で遺伝子重複が生じ、そこからＳｒｙが誕生したのではないかと考えられている。可能性だけだが、哺乳類の祖先動物で性決定に関与していた遺伝子Xが、図４・２で示したマスタースイッチとして、Ｓｒｙの祖先のＳＯＸ遺伝子の制御をしていたかもしれない。ところが、Ｓｒｙの登場によって、Ｓｒｙが性決定の「マスタースイッチ」となったのかもしれない。こうなると、遺伝子の下克上のようなものだ。

血液型遺伝子――ゲノムの中の個々の遺伝子の進化

ＡＢＯ式血液型遺伝子

血液型といえば一般にはＡＢＯ式を指すことが多いようだが、一九〇〇年、ちょうどメンデルの遺伝法則が再発見された年に、世界で最初に発見された血液型でもある。ＡＢＯ式血液型の遺伝子は、人間では第九番染色体の上に乗っている対立遺伝子によって血液型が決まっている。主な対立遺伝子としてＡ・Ｂ・Ｏの三種類があり、ＡとＢは互いに優性、ＯはＡ・Ｂに対して劣性である。Ａ対立遺伝子を持つ人は、体の中の多数の細胞表面に、Ｎアセチルガラクトサミンという糖が末端に位置する特有の糖鎖（Ａ型物質）を持ち、Ｂ対立遺伝子を持つ人はそれと少し異なるガラクトースが末端に位置するＢ型物質を持っている。一方、Ｏ型の人（Ｏ対立遺伝子を二個持つホモ接合の人）は、Ａ・Ｂ型物質の末端の糖がないタイプの糖鎖（Ｈ型物質）を持っている。これらのことから、ＡＢＯ式血液型遺伝子はＨ型物質の糖鎖にＮアセチルガラクトサミンあるいはガラクトースという糖をくっつける「糖転移酵素」の遺伝子だと考えられていた（図４・３）。しかしその実体はその後長いあいだなぞだった。

一九九〇年に、米国で研究していた山本文一郎博士と箱守仙一郎博士らのグループが、A・B・O各対立遺伝子をついに発見し、そのDNA塩基配列を決定した。ABO式血液型の発見から九〇年後のことである。その結果、A対立遺伝子から作られる酵素とB対立遺伝子から作られる酵素ではアミノ酸が四個異なっており、そのうちの二個のアミノ酸がAとBの違いを決めていること、またO対立遺伝子では一塩基の欠失突然変異が生じたためにフレームシフト（遺伝暗号の読み枠がずれること）が起こり、糖転移酵素の働きがなくなっているらしいということがわかった。

ABO式血液型の遺伝子は、大部分の遺伝子がしたがっている中立進化のパターンにはあてはまらないようだ。第一に、糖転移酵素の働きがなくなっているのにもかかわらず、O対立遺伝子の頻度がかなり高くなっているのが不思議である。体の中で重要な働きをする酵素の遺伝子の場合、酵素の働きが失われたり激減したりする突然変異が生じると、その突然変異を持つ個体の生存にきわめて不利となるので、子孫を残しにくくなる。ところが、偽遺伝子ともみなすことができるO対立遺伝子の頻度が高いので、ABO式血液型に関与する糖転移酵素は、人間がとりあえず生きてゆくのには絶対必要ではないだろう。ところがこの遺伝子は、脊椎動物が誕生した五億年以上前から延々と生き残ってきたのである。このことから、ABO式血液型の遺伝子

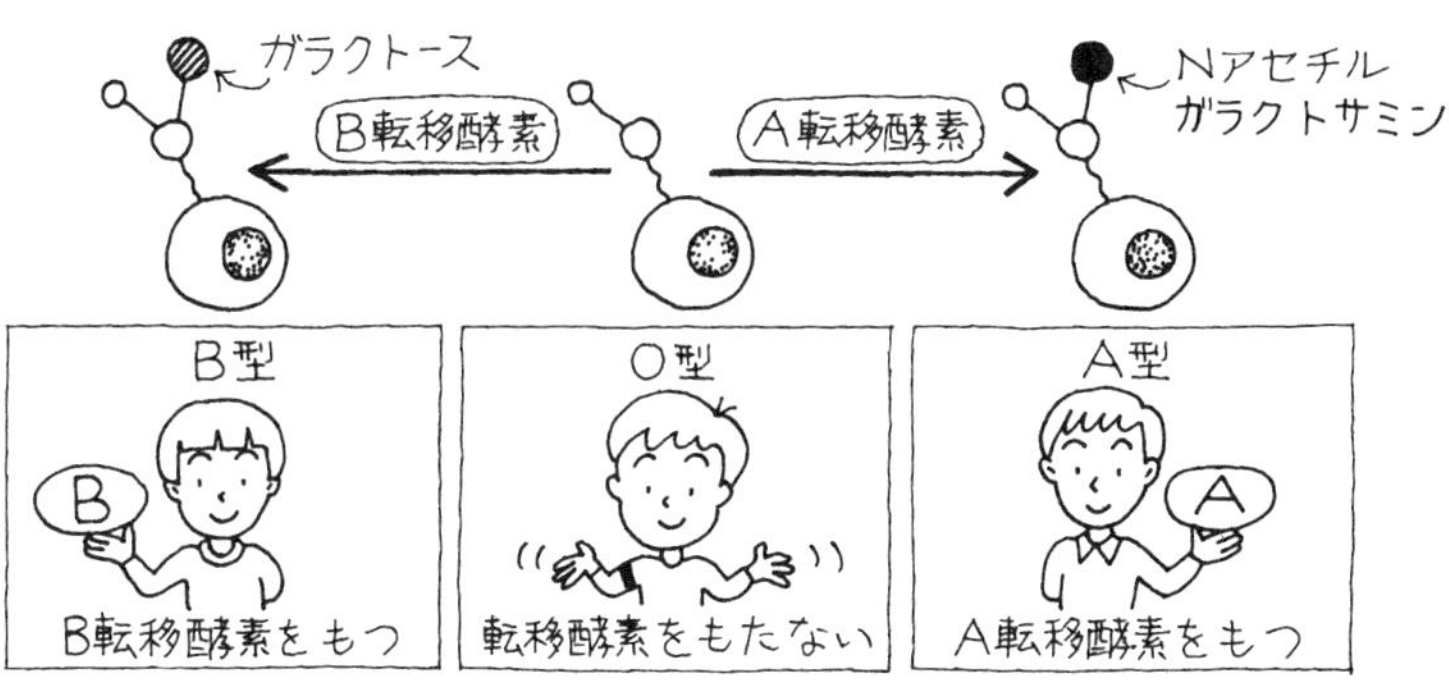

図4・3　ABO式血液型における型と糖転移酵素との関係

には、弱いながらもなんらかの存在意義があると思われる。このように、絶対に必要というわけではないが、あったら少しは役に立つという遺伝子が、ヒトゲノム中にはたくさんあるだろう。

第5章で触れるが、A型とB型の対立遺伝子の共存が霊長類のあちこちの種で見られることも、ABO式血液型の遺伝子の謎である。細胞表面の糖は、バクテリアやウイルスなどの感染を防ぐのに、ある程度の効果があるのではないかと考えられているので、それが関連しているのかもしれない。実際、胃潰瘍や胃癌の原因のひとつであるヘリコバクター・ピロリというバクテリアは、胃壁にもぐりこむ際に、ABO式血液型物質の前駆体であるH型物質を足場にしている。するとH型物質しか持っていないO型の人間は、胃潰瘍などになりやすいため、多少は生存に不利となるだろう。逆に、未知の別のバクテリアやウイルスに対しては、A型あるいはB型の糖の方が不利になる可能性がある。

ここで、日本の中でよく話題になる、性格とABO式血液型の関連性について、私の考えを述べておきたい。第一に、「性格」を科学的に定義するのは簡単ではない。このため、これまでに性格とABO式血液型のあいだの関係を調べたとする研究がたくさんあるそうだが、それらはほとんどその結果がうたがわしいらしい。少なくとも、私は全然信じていない。ただ、両者に関係があるという可能性を頭から否定するのも、科学者の態度ではないと思う。否定するにはそれなりのデータが必要だが、それもないようだからだ。ＡＢＯ式血液型の型物質である糖鎖は赤血球だけでなく、多くの細胞表面で見いだされる。性格に深くかかわると思われる脳神経系の細胞にもＡＢＯ式血液型の型物質がその表面にあるかもしれない。だとすれば、血液型の型物質の違いが、性格とは言わないまでも、なんらかの脳神経系の活動に影響を与える可能性はあるだろう。このように、可能性は自由に広く考えておくべきだと思う。

Ｒｈ式血液型

Ｒｈ式血液型の抗原は、ＡＢＯ式血液型の抗原が糖鎖であるのと異なり、赤血球膜上に存在するタンパク質である。一九九〇年にヒト遺伝子の塩基配列が決定された。その結果、ヒトのＲｈ式血液型遺伝子は従来の二学説で主張されていたような一遺伝子座でも三遺伝子座でもなく、Ｄ遺伝子座とＣＥ遺伝子座という二遺伝子座から構成されているということが明らかになった。Ｒｈ式血液型には＋と－というタイプがあるが、これはＤ遺伝子座から作られるＤタンパク質抗原の有無によって決定されている。

Ｒｈ式血液型遺伝子は一〇個のエクソンから構成されており、その遺伝子座はヒトでは第一番染色体の長腕に位置している。これらの遺伝子産物は、アミノ酸配列の特性から十二回貫通の膜タンパク質[1]であると予測された。さらに、Ｒｈタンパク質は進化的起源を共有する別のタンパク質（Ｒｈ50）とともに四量体を形成して、赤血球細

[1] **膜タンパク質** 細胞膜や細胞内の膜の表面や内側、あるいは膜を貫通する形で存在するタンパク質。膜は脂質二重膜なので、それと接近する部分は疎水性のアミノ酸が多くなっている。

胞膜表面上に存在すると考えられている。Ｒｈ50遺伝子は、第六番染色体の短腕に位置しており、Ｒｈ式血液型遺伝子と同様にエクソン一〇個から構成されている。

その後、ヒト以外の霊長類においてもＲｈ式血液型遺伝子の塩基配列が決定された。Ｒｈ式血液型遺伝子は旧世界猿では遺伝子座は一個で、ヒト上科（ヒトと類人猿）では遺伝子重複によって遺伝子座が二個（チンパンジーでは三個）になっている。私の研究室の北野誉博士が、これらの塩基配列を用いて分子進化学的分析を行なった。その結果、二個のＲｈ式血液型遺伝子座間で遺伝子変換などが生じたために、配列全体の系統関係が見えにくくなっていた。そこで、遺伝子変換の効果を消して系統樹を推定した。図４・４に、霊長類におけるＲｈ式血液型遺伝子の系統樹が示してある。

北野君は、霊長類以外でのＲｈ式血液型遺伝子の進化を考察するために、マウスとラットにおいてのＲｈ式血液型遺伝子の相当する遺伝子がタンパク質のアミノ酸配列情報を与えている領域（コード領域）を決定した。大腿骨の骨髄細胞からＲＮＡを抽出し、逆転写酵素でＤＮＡに変えて、それにＰ

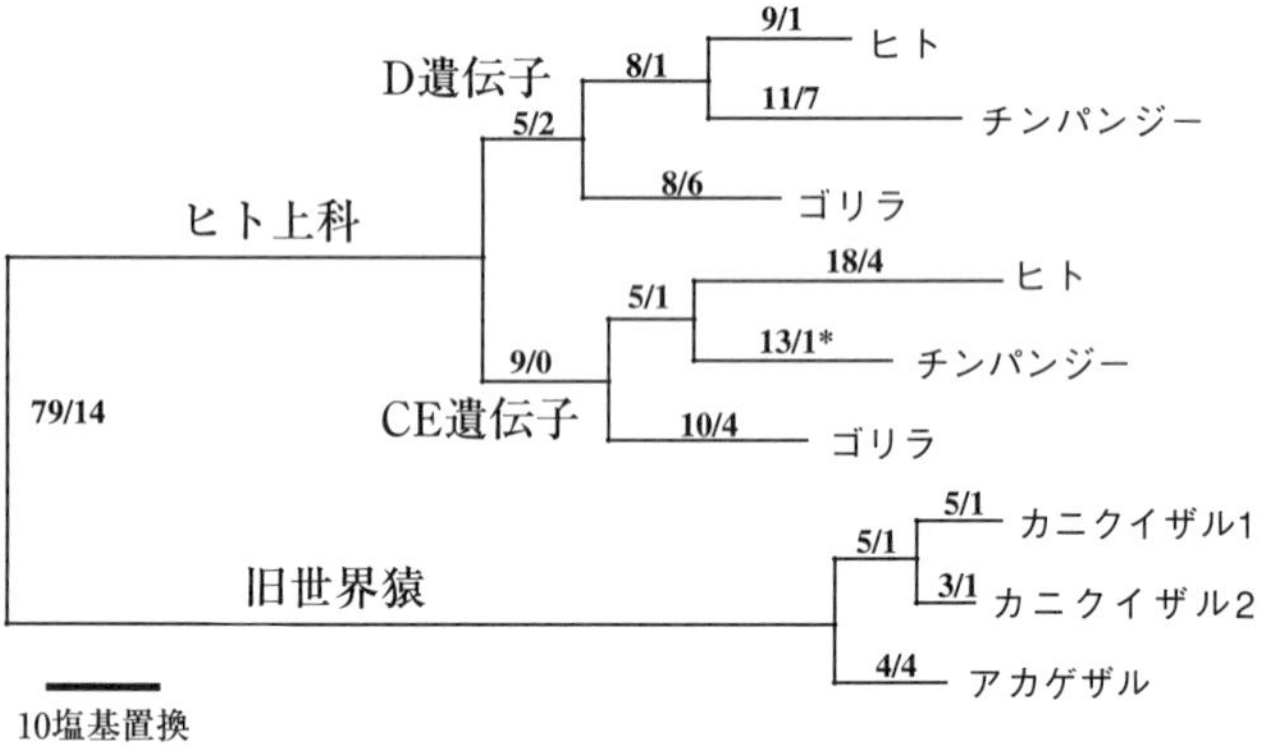

図４・４　霊長類におけるRh式血液型遺伝子の系統樹
ヒト、チンパンジー、ゴリラの共通祖先で遺伝子重複が生じている。系統樹の各枝の上の数字は、スラッシュの左がアミノ酸置換を生じた塩基置換、右はアミノ酸置換を生じない塩基置換の数。

CR法を用いたのである。さらに、Rh50遺伝子の全コード領域を、マウス、ラット、カニクイザル、アフリカツメガエル、メダカにおいても同様な方法で決定し、脊椎動物におけるRh式血液型遺伝子とRh50遺伝子の進化について分析した。

まず、これら二つの遺伝子における自然淘汰のパターンを探るために、塩基配列における変化を、アミノ酸を変化させない変化（同義置換）とアミノ酸を変化させる変化（非同義置換）に分けてみた。これは、自然淘汰が生じない中立進化であれば、同義置換の方が非同義置換よりも多く生じると期待されるからである。表4・1に霊長類と齧歯類におけるRh式血液型遺伝子とRh50遺伝子の、塩基サイトあたりの同義置換数と非同義置換数を示した。ヒトとカニクイザルのあいだでは、両方の遺伝子でアミノ酸を変化させる非同義置換数の方が同義置換数よりも高く観察されたのに対して、マウスとラットのあいだでは、両方とも同義置換数の方が高い値を示した。このことは、霊長類で見られたRh式血液型遺伝子の正の自然淘汰が、齧歯類では起こっていないということを示唆しているが、その原因や機構についてはまだよくわかっていない。

Rh式血液型遺伝子にいたる進化

図4・5はRh式血液型遺伝子とその親類にあたるRh50遺伝子のアミノ酸配列を用いて作成した系統樹を示したものである。これら脊椎動物の遺伝子以外では、エレ

表4・1　Rh式血液型遺伝子とRh50遺伝子の同義置換数と非同義置換数

	MMD vs MMB	ヒトvsカニクイザル	マウスvsラット	霊長類vs齧歯類
Rhの同義置換数	0.013±0.007	0.071±0.016	0.226±0.031	0.595
Rh50の同義置換数	0.007±0.005	0.049±0.013	0.200±0.028	0.620
Rhの非同義置換数	0.007±0.003	0.115±0.011	0.098±0.011	0.302
Rh50の非同義置換数	0.001±0.001	0.057±0.008	0.058±0.008	0.153

ガンス線虫のゲノム塩基配列から予測された二個の遺伝子とショウジョウバエから発見された相同遺伝子が含まれている。

この系統樹の枝の長さを比べてみると、Ｒｈ式血液型遺伝子の各枝の方が、Ｒｈ50遺伝子の各枝の方よりも、およそ三倍ほど長いことがわかる。このことから、Ｒｈ50遺伝子の方がＲｈ式血液型遺伝子よりも進化速度が遅く、より重要な機能を保持していると推測される。また、これらの遺伝子の祖先型はＲｈ50遺伝子の方により類似したもので、それからＲｈ式血液型遺伝子が分化してきたと考えられる。

以上はＲｈ血液型遺伝子という単一の遺伝子についての進化史を推定したものだが、血液系で発現する多数の遺伝子について同様の解析を行ない、それらを重ね合わせれば、血液系全体がどのように進化してきたかを考察することが可能になるだろう。血液系は、脊椎動物だけに存在する本来の免疫系よりも分布が広く、かなりの動物に存在している。今回論じた血液型は赤血球でまず発

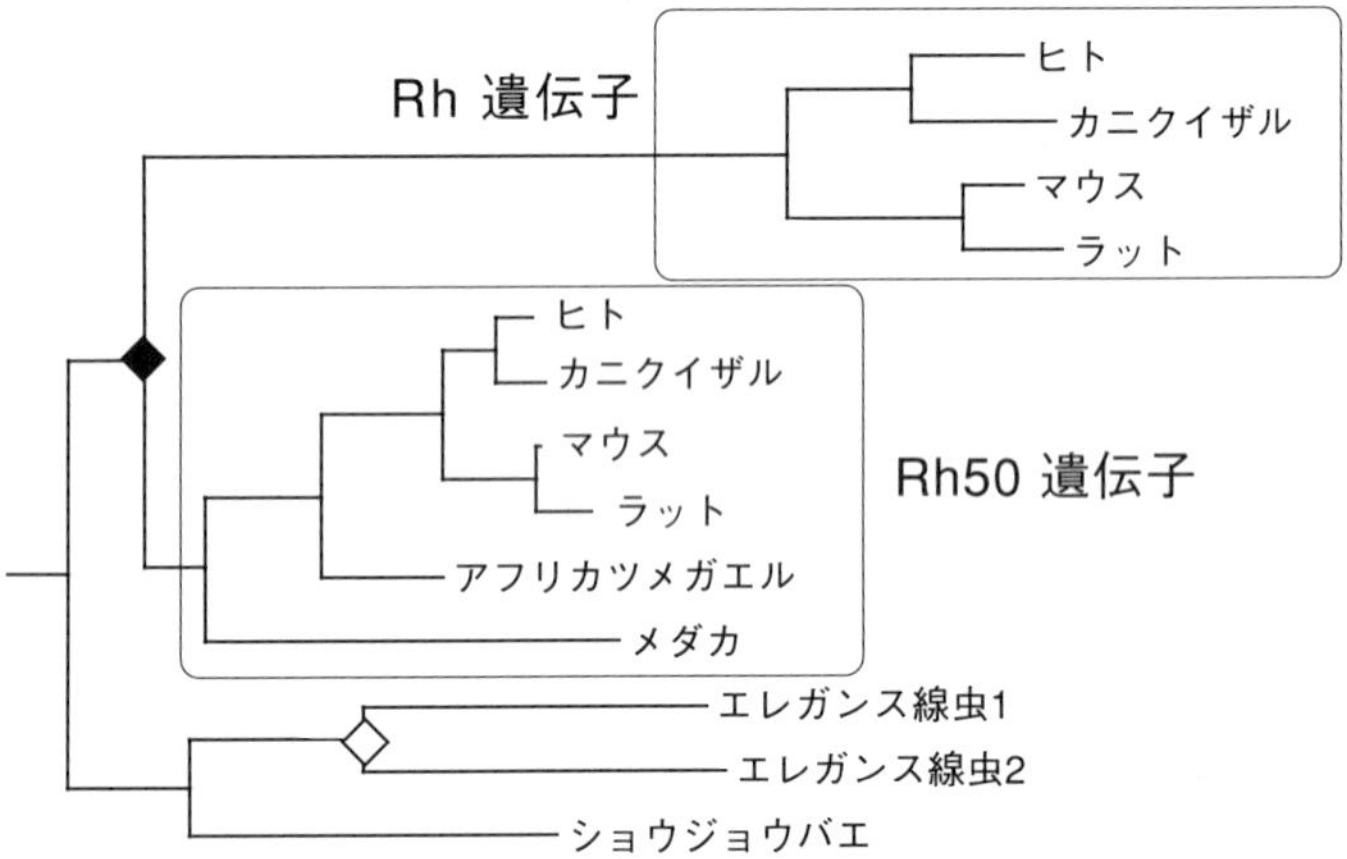

図４・５　Rh式血液型遺伝子とその相同遺伝子の系統樹
遺伝子の産物であるタンパク質のアミノ酸配列を比較したもの。横の枝の長さは、アミノ酸の変化した量に比例している。◆印はRh式血液型遺伝子とRh50遺伝子を生じた遺伝子重複を、◇印は、エレガンス線虫の系統における遺伝子重複を表わす。そのほかの分岐点は種の分岐に対応する。

見されたものだが、その起源をたどると赤血球以外の細胞で発現している分子にたどりつくはずである。さらに、血液型の遺伝子にとどまらず、物質輸送系や抗凝固系など他の血液系の遺伝子も総合的に比較することが今後重要であろう。

ゲノム生物学――ゲノム配列を土台とした科学

SNPを用いた病因遺伝子の発見

ゲノム情報は、通常生物一個体だけの塩基配列を意味する。しかし、実際には生物には個体差があり、遺伝子DNAのレベルでも、個体ごとに少しずつ異なっている。これを**DNAの多型**と呼ぶ。このような遺伝子の違いによって、ある病気になるかどうかが決まることがある。たとえば、フェニルケトン尿症という遺伝病を持つ人は、アミノ酸のひとつでからだに必要なフェニルアラニンを作るのに必要な酵素を作ることができない。これは、この酵素の遺伝子が突然変異によって壊れてしまったからである。

最近は、ヒトゲノムの中の個体差として**SNP**（単一塩基多型）が脚光を浴びている。SNPとは、Single Nucleotide Polymorphism の略であり、図4・6で示したように、DNA塩基配列の中に少し存在する遺伝的な個体差のことである。DNAにはA、C、G、Tという四種類の塩基があるが、突然変異率がきわめて低いので、通常は祖先型と突然変異型の二種類

［1］ **マイクロサテライトDNA多型**　ゲノム中に二塩基から五塩基程度を単位として、それらが連続して繰り返している配列がときどき見いだされる。その単位数は高い頻度の突然変異によって変化するため、遺伝的な個体差（多型）が大きい。

の塩基（たとえばＡとＧ）だけが集団の中に存在する。図４・７は、遺伝子系図の中で突然変異が生じて、人類進化の中でＳＮＰが生成される様子を示している。人間だけを調べているのでは、祖先型と突然変異型を明確に区別することができないが、人間にもっとも系統的に近いチンパンジー（またはボノボ）のゲノム配列を調べれば、まずまちがいなく二つを区別することができる。それは、図４・７で示しているように、たいていの場合、チンパンジーで見いだされた塩基が人間でＳＮＰになっている場所の二種類の塩基のどちらかと同一なので、それが祖先型塩基だと判定できるのである。

ＳＮＰのような遺伝的個体差の情報は、遺伝病の原因遺伝子がヒトゲノム中のどこにあるのかを突き止めるのに使われている。ある遺伝病をわずらっている人とそうでない人の二グループに分けたとき、この病気の原因遺伝子を比較すると、どこか異なっているはずである。そのゲノム上での塩基配列の違いが、タンパク質の発現などに影響を与えた結果、病気になったりならなかったりする可能性がある。しかし、原因遺伝子がゲノムのどこにあるのかわからないあいだは、このような比較を行なうことができない。そこで、未知の原因遺伝子と同じ染色体の上にあるが、病気とは直接関係のない

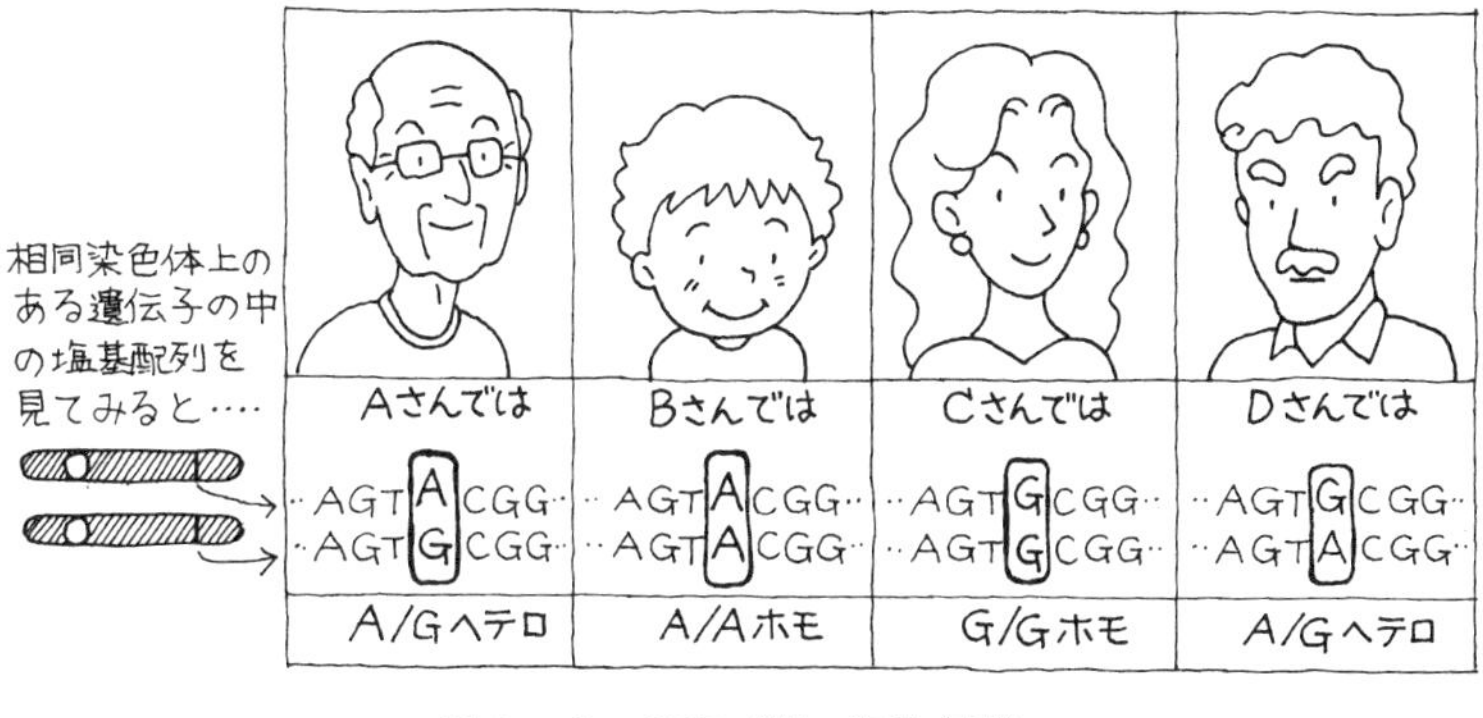

図４・６　SNP（単一塩基多型）

SNPは、DNA塩基配列の中の特定の塩基サイトにおける遺伝的な個体差である。この例では、個体によって、G（グアニン）のホモ接合、A（アデニン）のホモ接合、あるいはAとGのヘテロ接合となっている。

遺伝的変異を、既知の多数のものの中から発見しようとするのが、探索の第一段階である。発見のしやすさなどの技術的・生物学的理由から、この段階ではSNPよりもマイクロサテライトDNA多型[1]の用いられることが一般的である。図4・8は、遺伝病ではないが、家系資料から耳あか型遺伝子のおおまかな場所を決定したときの家系図である。これは、新川詔夫教授（長崎大学医学部）のグループの成果である。耳あかには乾型と湿型があるが、この二型が人間集団によって頻度が大きく違うことや、腋臭の有無と高い相関があることを、一九三〇年代に足立文太郎（京都大学）が発見した。その後、国立遺伝学研究所の所長も務めた松永英氏が研究を発展させ、単独の遺伝子によって形質が決まる、「メンデル遺伝」をしていることがわかった。そして二〇〇二年に、人間の第一六染色体の中央付近にこの遺伝子が存在することが、耳あか型とマイクロサテライトDNA多型との関係を調べることによって明らか

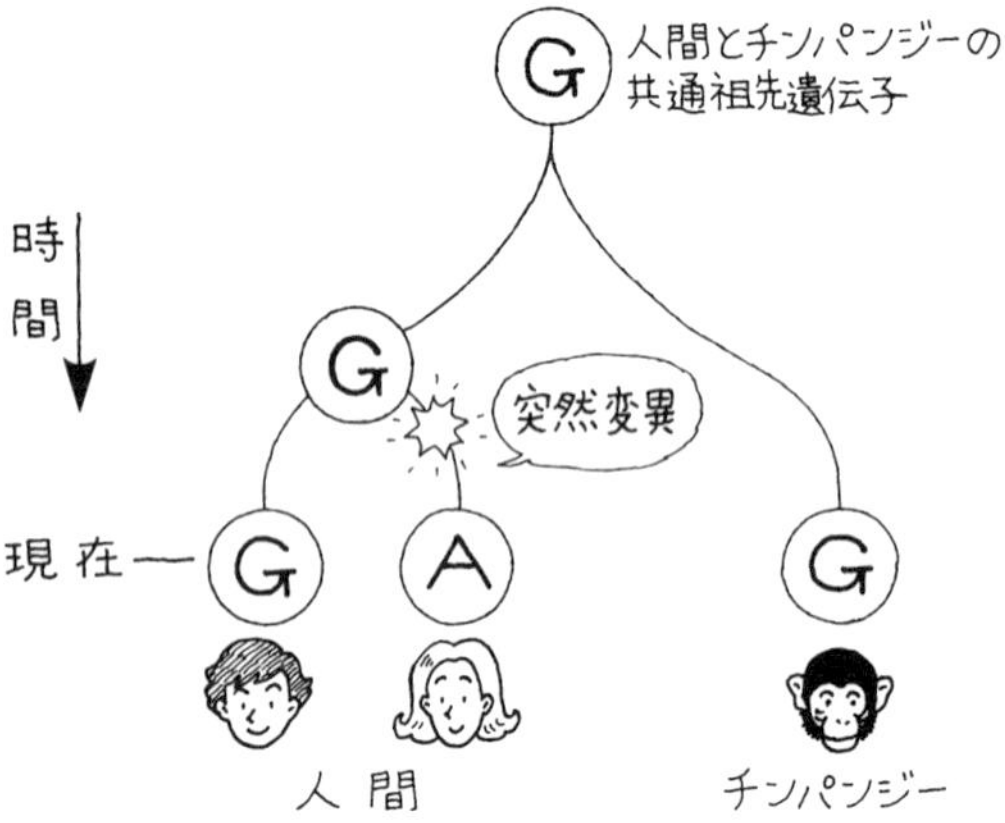

図4・7　SNPの2塩基を祖先型と突然変異型に区別するには

人間でSNP（塩基AとGが共存）となっている塩基と対応するチンパンジーゲノム内の塩基がわかると、それ（この場合G）が祖先型だと推定できる。人間の進化のある時期にGからAに突然変異が生じて子孫遺伝子を増やした結果、この塩基サイトではGとAの多型となった。

にされたのである。図４・８には、ある家系における耳あかの型が、白（乾型）と黒（湿型）で表わしてある。この「表現型」の違いを引き起こす遺伝子が、人間の染色体のどのあたりにあるかを調べるために、ヒトゲノム上に散らばっている数百個のマイクロサテライトＤＮＡとの「連鎖」を調べたところ、第一六染色体のある部分に並んでいるマイクロサテライトＤＮＡのタイプが、耳あかの湿型と一緒に伝わっていることがわかったのである。現在、この領域のどの部分に耳あか型の遺伝子の塩基配列が存在するのかを突き止めるべく、研究が進められている。

ＤＮＡチップやマイクロアレーなどを用いた遺伝子機能の発見

ゲノムのＤＮＡ塩基配列という情報は貴重だが、それだけではとうてい生命現象を理解したことにはならない。塩基配列の中から生命にとって意味のある情報が引き出され、タンパク質やその他の生体分子の生産を指令し、こうして生じた多数の分子が総合的に働いて、細胞や生物個体として具現しているので

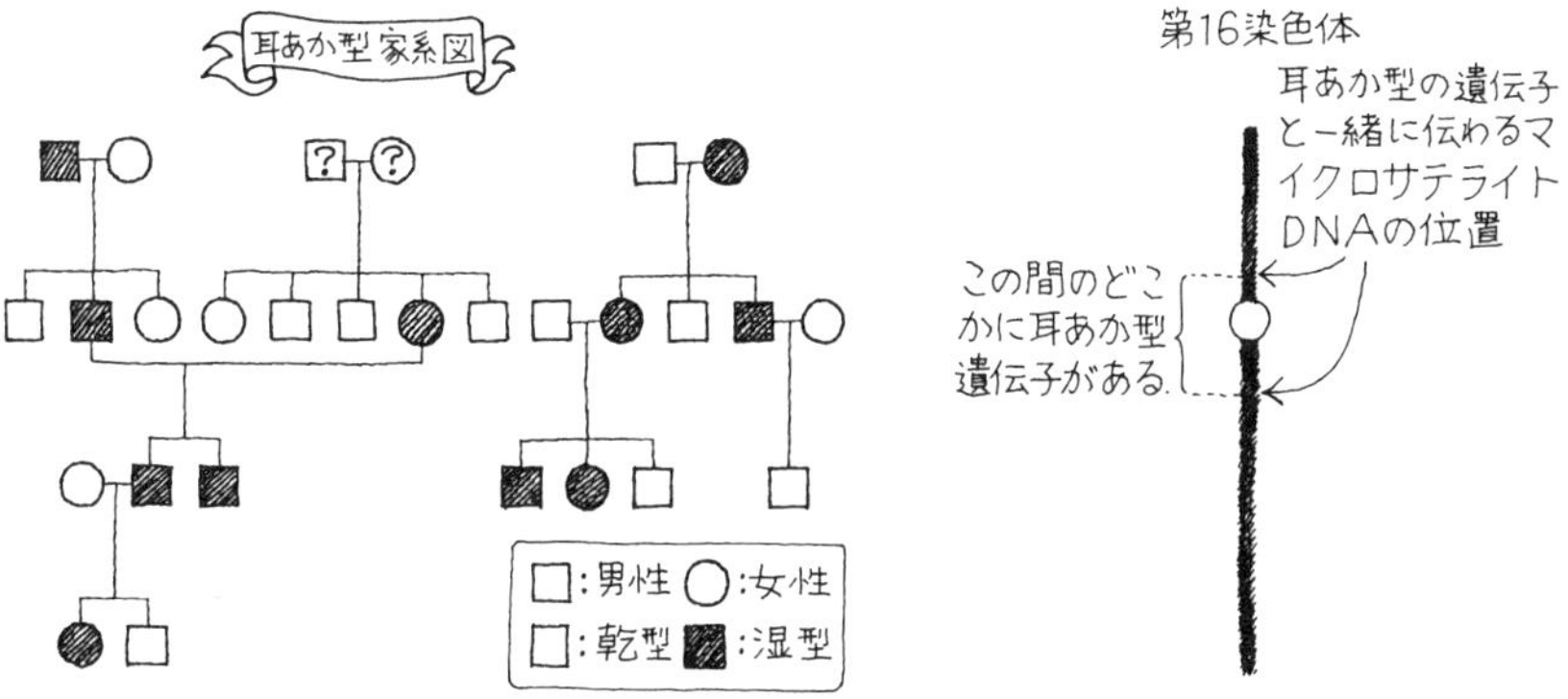

図４・８　耳あか型の家系図と耳あか型遺伝子の染色体上の位置
耳あか型遺伝子の伝わるパターンと、ゲノム上にちらばっているマイクロサテライトDNA遺伝子の伝わるパターンを比較して、耳あか型遺伝子と同じように子孫に伝わっているマイクロサテライトDNA遺伝子の存在するゲノム領域（第16番染色体の中央のあたり）に耳あか型遺伝子があると推定された。

ある。その状態まで到達するひとつの方法として、塩基配列からタンパク質に探索の場を動かすということがある。ここで、最近誕生した技術である「ＤＮＡマイクロアレー」が最近使われるようになってきた。同じ種類の細胞からなる集団（生物学では「組織」と呼ぶ）で使われている遺伝子が、別の種類の細胞集団ではどのように使われているのか、あるいは個体発生の過程でどのように使われ方が変化するのか。さらに、同じような種類の細胞でも、生物種が異なる場合には、使われ方が少し違っているかもしれない。従来は、このようなことを調べるには、ひとつひとつの遺伝子をていねいに調べたり、あるいは時間と労力と研究費の制限から、せいぜい一〇種類程度の遺伝子について調べることが限界だった。しかし一九九八年に、パット・ブラウン教授（スタンフォード大学）のグループが、顕微鏡で使うスライドグラスの上の、わずか二センチメートル四方の面積に、数千種類のＤＮＡを微量だが規則正しく並べることによって、それぞれのＤＮＡに対応して特異的に結合するメッセンジャーＲＮＡの種類と量を測定する「ｃＤＮＡマイクロアレー法」を開発した（図４・９Ａ）。これら数千種類の反応は、レーザー光技術を用いて高速に測定することができる。

ｃＤＮＡマイクロアレーが登場したのとほぼ同じころに、今度は膨大な数の半導体を載せたコンピュータチップを作成する技術を用いて、短いながら多数種類のＤＮＡを一挙に合成するという「ＤＮＡチップ法」が誕生した。半導体の回路を作るには、電気的に異なる反応をする化学物質を配置する必要があるが、これを実現するために、光学技術を使ってシリコン基盤にいろいろなパターンを塗り重ねてゆく。このシステムを応用して、ＤＮＡの四種類の塩基を規則正しくしかもそれぞれの場所で特定の並びをするように伸ばしてゆくのである（図４・９Ｂ）。この技術が発表された当初は、値段もきわめて高く、測定の信頼性も安定していなかったが、多数の研究が蓄積されてゆくにしたがって、世界中でいろいろな用途に使われるようになってきた。このように、既存技術の組み合わせによって、ゲノムという枚挙時代の生物学にふさわしい、まったく新しい技術が加わったのである。

プロテオーム、トランスクリプトーム、グライコーム、メタボローム

「ゲノム」という言葉は、遺伝子を表す「ゲン」をもとに作られた言葉だが、最近はこの接尾辞「‐ム」をつかって、ゲノムと同じようにすべてのものを枚挙するという意味をこめて、いろいろな概念が提唱されている。たとえば、ある生物が作り出すタンパク質（プロテイン）の全体をプロテオームと称することがある。ゲノムの塩基配列の中には、これらタンパク質のアミノ酸配列を与える情報が蓄えられているが、それらが長いひものようなゲノム配列のどこに位置しているのかを見いだすのは簡単ではない。また多細胞生物では、どの組織でどのタンパク質が働くのかもゲノムの中に情報が入っているはずだが、その「文法」はまだはっきりとはわかっていない。さらに、タンパク質ができたあとも、特定の部分が切られたり、糖がくっついたりとい

A

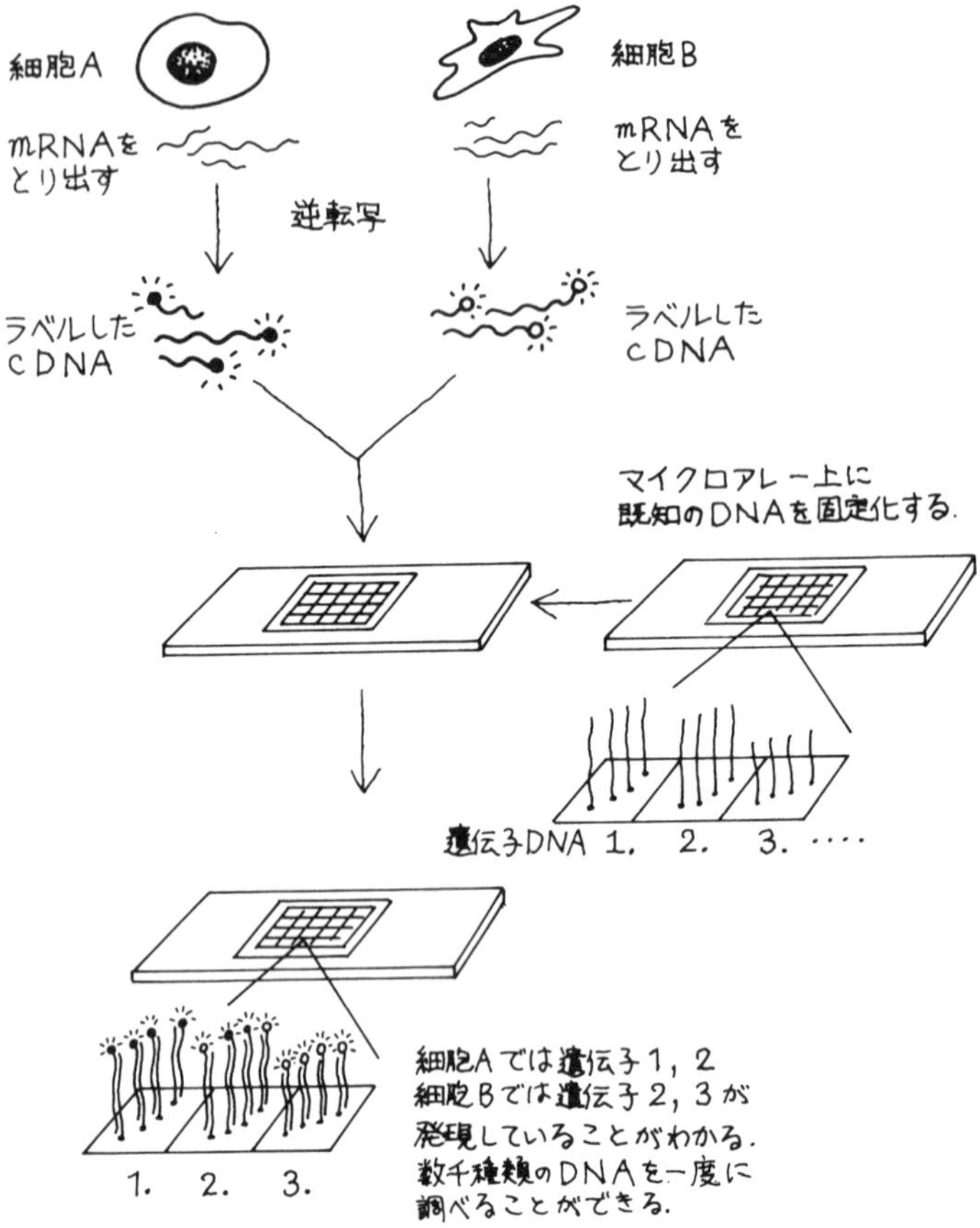

細胞A
細胞B
mRNAをとり出す
mRNAをとり出す
逆転写
ラベルしたcDNA
ラベルしたcDNA
マイクロアレー上に既知のDNAを固定化する.
遺伝子DNA 1. 2. 3. ・・・・
1. 2. 3.
細胞Aでは遺伝子1, 2
細胞Bでは遺伝子2, 3が
発現していることがわかる.
数千種類のDNAを一度に
調べることができる.

B

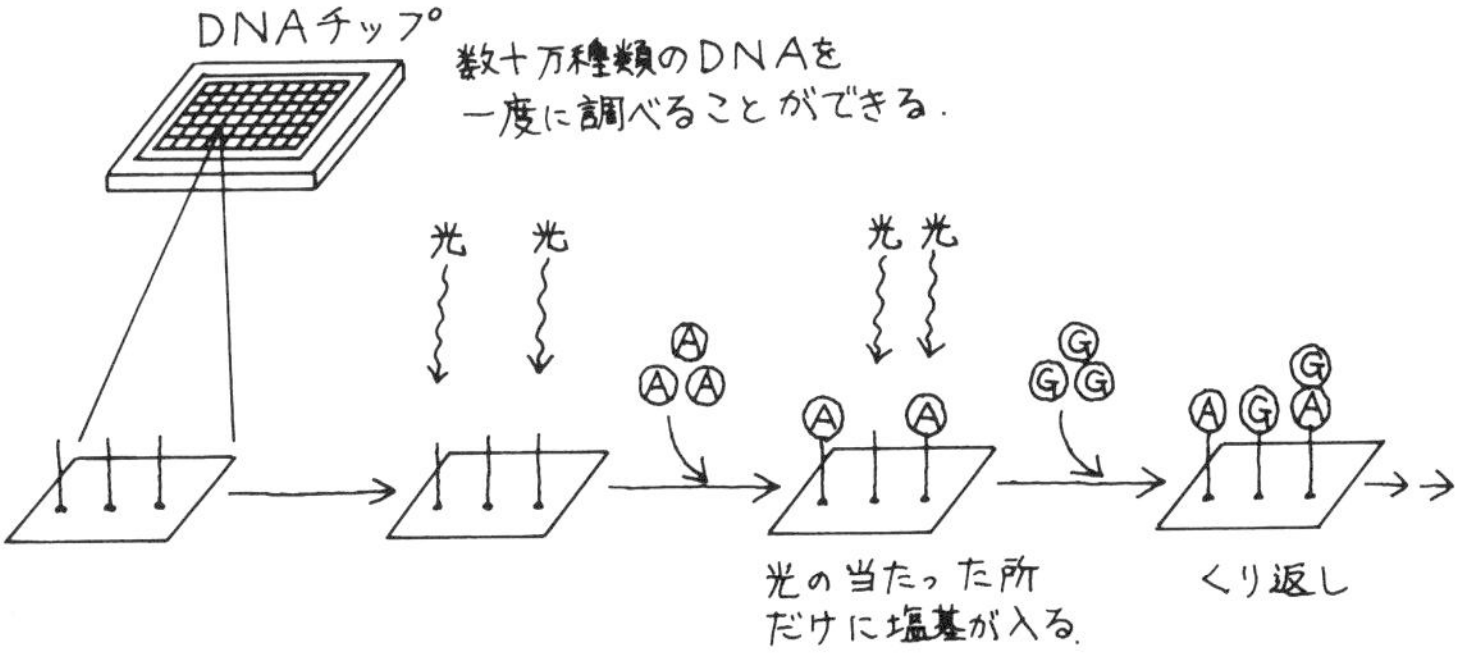
DNAチップ
数十万種類のDNAを
一度に調べることができる.
光
光
光
光
光の当たった所
だけに塩基が入る.
くり返し

図4・9　DNAマイクロアレーとDNAチップ

（A）DNAマイクロアレーを用いて、異なる細胞における多数の遺伝子の発現（どれだけRNAが作られているか）を調べる概念図。（B）DNAチップの製造方法。コンピュータ・チップを作るのに用いる光エッチング法を応用している。

ったいろいろな変化（翻訳後修飾）を受ける。これらをそのまま調べようというのが、「プロテオーム」研究である。このために、多数のタンパク質を一度に調べることができる特殊な方法が用いられている。もっとも一般的で昔から使われている方法が、「二次元電気泳動法」である。これは、分子の大きさでタンパク質をまず分けたあと、次にそれらの電気的性質によって細分する方法だ。最近では、田中耕一氏がノーベル化学賞を受賞したことで有名になった質量分析の手法を用いて、タンパク質を高速に同定することも行なわれている。

タンパク質ができるためには、メッセンジャーRNAが必要である。これらがどの組織でどのくらいの量が作られているのかによって、私たち人間やハエや植物など、多細胞生物が形作られているのである。そこで、タンパク質の前段階ともいえるメッセンジャーRNAがどの組織でどれくらいの量生成されているかを詳しく調べる研究がいろいろな生物で進められている。このような研究を、DNAからRNAに情報が転写されることを「トランスクリプション」と呼ぶことから、**トランスクリプトーム**研究と呼ぶ。

細胞を構成するのは、タンパク質だけではない。糖や脂質も重要な構成要素である。これらの、代謝（メタボリズム）で生じる分子をすべて明らかにしようという「メタボローム」研究も始まっている。

ゲノム進化学——ゲノム遺伝子の多様性

遺伝子の多様性

生命の多様性は、遺伝子の多様性である。ここで言う多様性には、二つの側面がある。ひとつは生物の種類の多様性であり、もうひとつは、ひとつの生物のすべての遺伝子セットである「ゲノム」の中の遺伝子の多様性である。生物の多様性については、古来から注目されており、博物学として長い伝統があるが、現在ではDNAレベルでの研究が、バクテリアからヒトまですべての生物群で進められている。一方、ゲノムの中にある遺伝子の多様性の研究は、最近始められたばかりである。これは、目に見える生物そのものの研究と異なり、「遺伝子」という概念が、十九世紀にグレゴール・メンデルの遺伝法則発見によってようやく確立し、ゲノム概念にいたっては二十世紀になってから提唱された、という遅いスタートを考えれば、仕方のないことであろう。

ゲノムの中にある遺伝子の多様性をとらえようとすると、すぐに気づくことがある。それは、多数の遺伝子を含むゲノムには、必ず長い進化の歴史がひそんでいる、ということである。普通われわれが進化という概念を頭に思い浮かべるとき、目で見える個体レベルの進化を考えていることが多い。つまりステゴザウルスやヒマワリの進化などを思い浮かべるわけである。しかし生き物というものはたくさんの遺伝子が働いた結果できあがっているわけであるから、遺伝子の進化という視点で生命進化を眺めることができる。このような、遺伝子の進化を調べる研究分野を、**分子進化学**と呼ぶ。従来の分子進化学では、データを得ることが大変だったこともあり、ひとつひとつの遺伝子についてだけ調べるということが一般的だった。ところが、多数の遺伝子の塩基配列が大量に報告されるゲノム生物学の時代になると、これら遺伝子の進化を同時に解析することが可能になってきた。この新しい局面で、どのようなことがわかるだろうか？　このような新しい試みのひとつとして、器官や組織がどのように進化してきたのかをわれわれは調べている。ここでは、この新分野でわれわれが最近得た研究成果を中心に紹介する。私の研究室にいた太田聡史博士（現在理化学研究所バイオリソースセンターの研究員）が行なった研究である。

発生と進化

われわれのからだはたくさんの細胞からできあがっているが、それぞれの細胞は同じというわけではない。筋肉には筋肉特有の細胞が、血管には血管特有の細胞が、脳には脳特有の細胞がある。つまり細胞はそれぞれ個性を持っており、似たような性質を持った細胞が集まってある特定の組織を形作っている。細胞の個性を決めているのは、その細胞がどのようなタンパク質からできあがっているかである。ある細胞にどんな種類のタンパク質が現れるかを決めているのは遺伝子である。つまり細胞間の違いというのは、それぞれの細胞で働いている遺伝子の違いにほかならない。

構造遺伝子のデータなら山ほどあるので、ここであきらめずに、なんとか構造遺伝子を使って調節領域の進化の様子を推定してみよう。実は筋肉組織に発現するトロポニンCというタンパク質のアミノ酸配列情報を用いてこのタンパク質の遺伝子の系統樹を描いてみると、おもしろいことがわかる（図4・10）。各遺伝子と発現パターンの対応関係を調べてみると、同じ組織に発現する遺伝子は種を越えて互いに似ているのである。これは決して自明なことではない。なぜなら、前に述べたように構造遺伝子がどの組織に発現するかを決めているのは構造遺伝子自身ではなく、ゲノムの別の場所にある調節領域だからである。もしトロポニンCで見られたような現象が、他の遺伝子でも見られるとすると、構造遺伝子と調節領域のあいだにはある程度進化的な相関があると考えることができる。

遺伝子系統樹の重ね合わせ

われわれは図4・10で例に示したトロポニンCのほかに、筋肉で必須であるタンパク質として、ミオシン軽鎖（必須タイプと調節タイプ）、ミオシン重鎖、およびアク

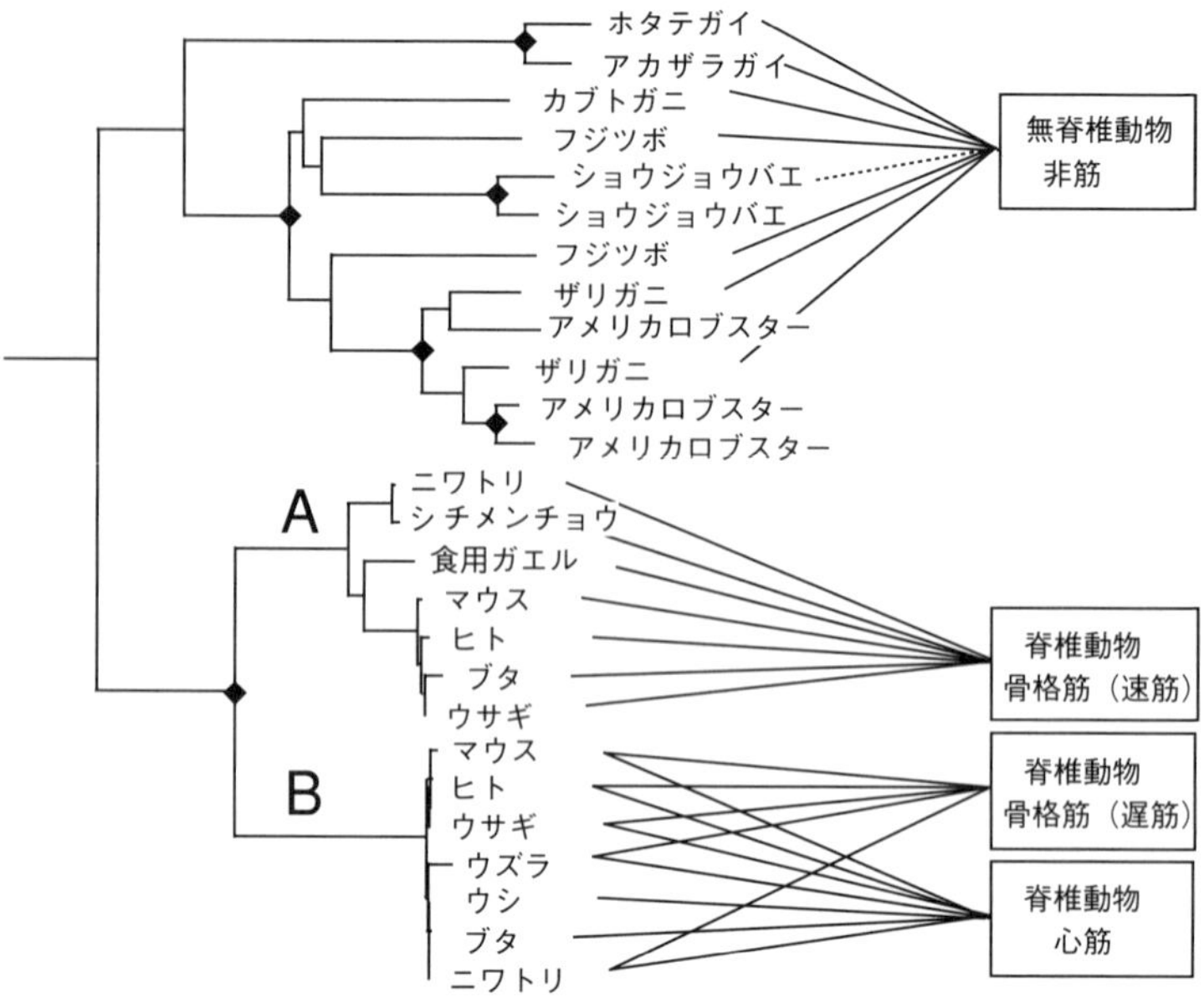

図4・10　トロポニンCの遺伝子系統樹とこのタンパク質が発現する組織との相関関係

脊椎動物が出現したあとに起こった遺伝子重複（◆印）によって生じたふたつの重複遺伝子が生成するタンパク質がそれぞれ別の筋組織（タンパク質Aは骨格筋の速筋、タンパク質Bは骨格筋の遅筋と心筋）に発現している。

チンの計五個の遺伝子族を用いて、それぞれの遺伝子系統樹を推定した。これらのあいだでの共通点は発現する組織が重なっているということである。そこで、次に復元した遺伝子系統樹から組織の系統樹を推定する。このために、われわれは複数の遺伝子系統樹の「重ねあわせ」を行なった。こうしてできる系統樹は、共通な遺伝子セットが用いられている細胞組織の系統関係を反映していると考えたからだ。

重ね合わせを行なった結果、一番支持される組織の系統樹は図4・11のようになる。この系統樹のもっとも特徴的なのは、節足動物の組織の位置である。節足動物と脊椎動物は七億年ほど前に別れたと考えられるが、にもかかわらず脊椎動物の平滑筋／非筋組織は節足動物の非筋組織と祖先を共有している。同様に脊椎動物の骨格筋・心筋のグループも節足動物の横紋筋と祖先を共有している。つまりわれわれの平滑筋・非筋組織と骨格筋・心筋組織は七億年以上独立に進化してきたことになる。もうひとつのおもしろい点は、脊索動物の平滑筋の進化上の位置である。脊索動物はわれわれ脊椎動物全体とホヤなどの動物を含む、脊椎動物より上位の分類群だが、図4・11の系統樹は脊椎動物の骨格筋や心筋と脊索動物の平滑筋が祖先を共有していることを示している。つまり、尾索類の平滑筋と脊椎動物の平滑筋は由来が別物ということになる。

ゲノム生物学の時代は、生物進化の研究にも新しい光を投げかけている。機能がどの生物でも似かよっていて、相同であることが明らかな遺伝子のグループだけを調べていた分子進化学の幼年期は過ぎ去りつつある。というよりも、それはもはや遺伝子

図4・11　筋肉で使われる5個の遺伝子の系統樹から推定された筋組織の系統樹
トロポニンC、ミオシン軽鎖（必須タイプと調節タイプ）、ミオシン重鎖、およびアクチンそれぞれについて遺伝子系統樹を作成したあと、それらを重ね合わせて得られた系統樹。脊椎動物の平滑筋は、脊椎動物の他の筋肉とは独立に生じたように見える。

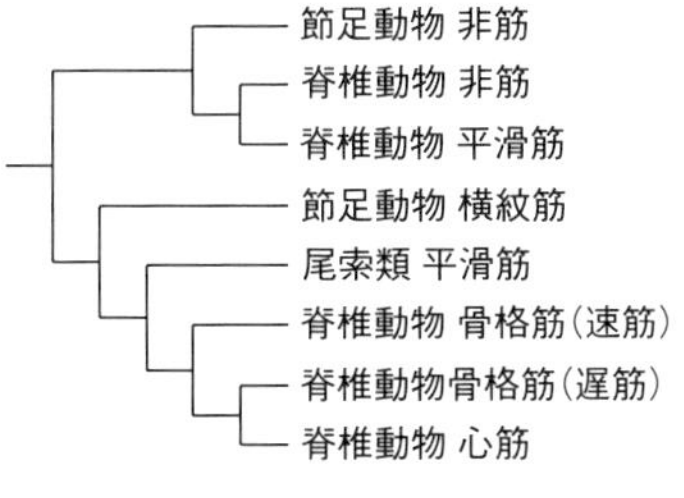

を扱う生物学では常套手段となりつつある。ゲノムの中に遺伝子として貯えられている情報が、生物のどのようなシステムを背景に、進化という長大な時間の中で織られているのか。システムがなにもない状況から、なぜ「われわれ」という、システムのかたまりのような人間が生じてきたのか？ これらの疑問を解き明かすためには、生物進化の歴史を背負った遺伝子の進化を明らかにすることが必須である。つまり、ゲノム生物学はすなわち「ゲノム進化学」なのである。

第５章　霊長類の比較ゲノム学

生物の中でも、われわれ自身である人間は、どのように特殊なのか、どのようにして進化の中でその特殊性を獲得してきたのだろうか。このような問いにゲノムレベルで答えるためには、人間に進化的に近い類人猿などの霊長類のゲノムを人間のゲノム（ヒトゲノム）と比較する必要がある。最初に遺伝子の進化研究から人間の自然界の位置がさだまって来たことを示し、現在どのような発見がなされているかを紹介する。

人類進化——自然界における人間の位置

人間は霊長類である

カール・フォン・リンネ[1]は、生物種の名をラテン語を用いて属名と種名のセットで表現するという二名法を十八世紀に提案した。今日でもこの二名法は生物の種名を表すのに使われている。この二名法システムを用いて、全生物界を体系づけようと彼の著したものが『自然の体系』である。このなかで、人間（ラテン語でホモ）を「かしこい」と形容して、ホモ・サピエンス（Homo sapiens）という学名を創造した。「ヒト」はこの学名に対応する和名である。生物学的に人間を論じるときには、ヒトと呼ぶ。

リンネは当時の知識をもとにして、人間を猿の仲間である霊長類に加えた。進化論がラマルクやダーウィンによって提唱されるよりも一〇〇年以上前のことであり、当時としては大胆な考え方ではなかろうか。あるいは創造主である神の前ではすべての生物は平等であり、人間はたまたまサルと似たように創造されたというわけだろうか。いずれにせよ、このような考え方は、進化論を生み出すひとつの要因になったと思わ

［1］カール・フォン・リンネ 一七〇七～一七七八。スウェーデンの生物学者。植物の分類からはじめて、当時知られていた生物全体を体系的に分類する方法を確立した。

れる。

霊長類は、本来は熱帯の森林に住む哺乳類である。人間に近い方からヒト上科、旧世界猿、新世界猿、原猿の四グループに分けることができる。ヒト上科にはヒトと類人猿が含まれる。アフリカに分布するチンパンジー、ボノボ、ゴリラとアジアに分布するオランウータンをあわせて大型類人猿、それに対してテナガザルを小型類人猿と呼ぶ。第二のグループ「旧世界猿」は旧世界であるアフリカとアジアに分布するので、こう呼ばれている。ニホンザル、アカゲザル、カニクイザル、テングザル、ハヌマンラングール、マントヒヒなどが属し、もっとも日本人にとってなじみ深い猿である。それに対して「新世界猿」は中南米に分布し、代表的なものにリスザル、クモザル、ライオンタマリン、ホエザル、マーモセットなどがある。最後のグループである原猿は原始的な猿の意味であり、もっとも人間から遠い関係にある。アフリカ大陸の南東に位置するマダガスカル島に分布する霊長類は、人間以外はすべて原猿であり、いろいろな種類のキツネザルや童謡にも歌われるアイアイなどがいる。

図5・1は、霊長類の進化について、分子進化学と古生物学の研究を総合して私が作成した代表的な霊長類の系統関係である。人間にいたる系統は、分岐点Aで原猿の系統とたもとを分かち、さらにBで新世界猿の系統と分かれた。分岐点Bでまとめられるグループを「真猿」と呼ぶ。東南アジアに分布するメガネザル科は、かつては原猿に分類されていたが、現在では真猿の系統に近いとされている。新世界猿は鼻の形

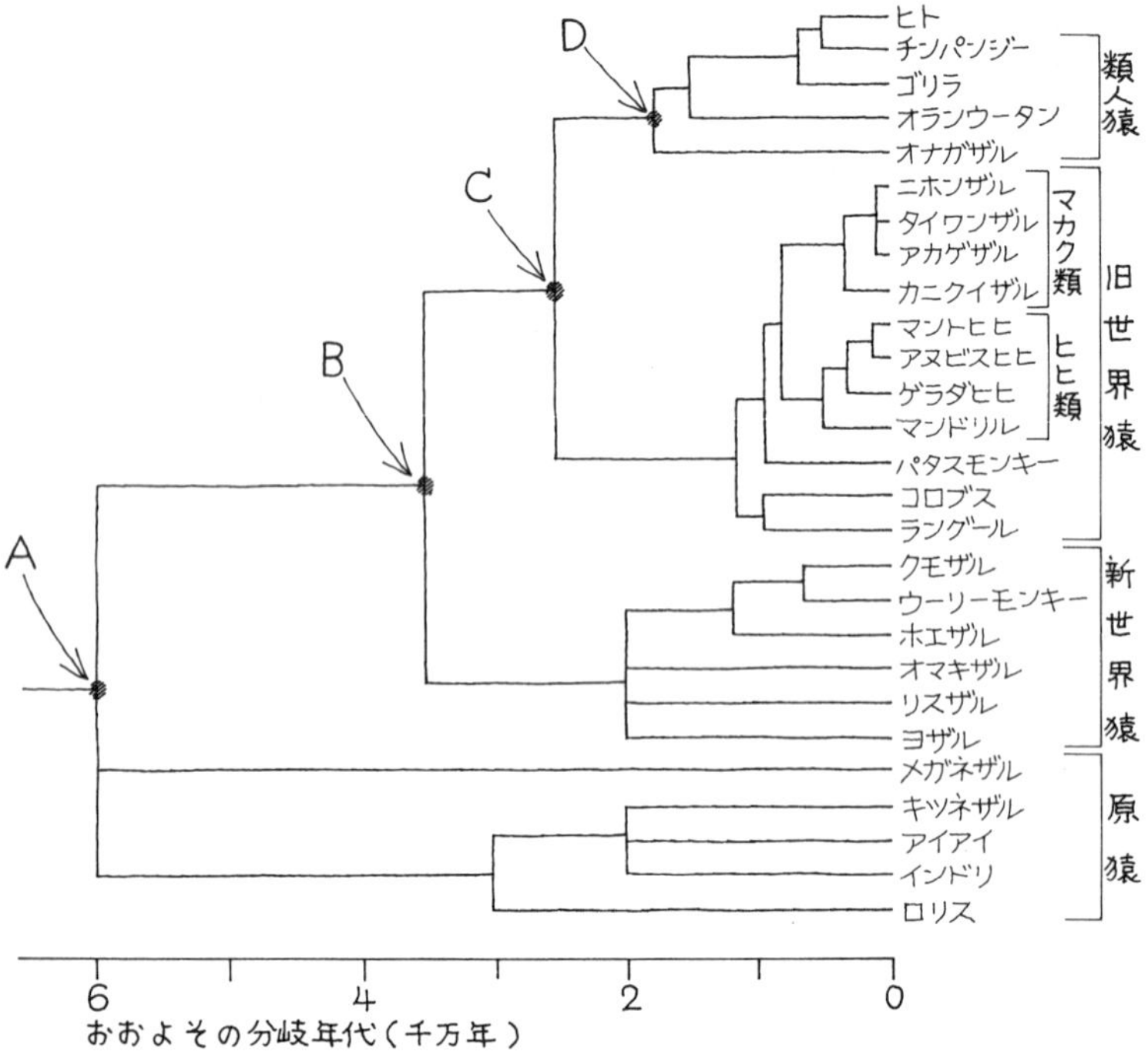

図5・1　霊長類の系統関係

から「広鼻猿」と呼ぶことがあり、それに対して分岐点Cでまとめられるグループを「狭鼻猿」と呼ぶ。狭鼻猿は旧世界猿（オナガザル上科）の系統と「ヒト上科」（Dでまとめられるグループで、人間と類人猿を含む）からなる。図5・1の下に分岐年代の目盛りを示したが、これはおおよそのものであり、かなりの誤差があると考えてほしい。

化石から分子へ

人間が霊長類の一員であり、その中でも類人猿に近いことはリンネの時代から知られていた。チャールズ・ダーウィンは自然淘汰説に基づく生物進化論を主張した『種の起原』を一八五九年に発表したが、その十二年後に人類進化を論じた『人間の由来』を著した。このなかで彼は慎重な言い方をしているものの、類人猿のなかでもチンパンジーやゴリラが人間に近いと考えていたようである。ダーウィンと同時代の生物学者であり、進化論を擁護したために「ダーウィンのブルドッグ」とも呼ばれたトーマス・ヘンリー・ハクスレー[2]も、類人猿がヒトに近いと主張した。また生態学の創始者としても知られるエルンスト・ヘッケル[3]は、アフリカに分布するチンパンジーとゴリラが系統的に近く、アジアに分布するテナガザルとオランウータンも互いに近縁だとしている。これら類人猿の地理的分布から類推したのであろう。一方ヒトの系統はアフリカとアジアの類人猿が枝分かれしたところから第三の枝として考えられており、

[2] **トーマス・ヘンリー・ハクスレー**　一八二五〜一八九五。英国の生物学者。チャールズ・ダーウィンの進化論を擁護し、自身も人間の進化についての説を唱えた。

[3] **エルンスト・ヘッケル**　一八三四〜一九一九。ドイツの生物学者。生物進化と動物の発生の研究から、個体発生は系統発生を繰り返すという主張をした。生態学の創始者としても知られる。

どの類人猿とも等距離とされている。このように、ヒトと類人猿との系統関係については、決定的な解答が出せないままの時代が長く続いた。

人類進化と言えば、北京原人やアウストラロピテクス、あるいはルーシーの愛称で呼ばれるアファレンシスといった名前を連想する人も多いだろう。これらは骨や歯の化石であり、その形態を現生生物や他の化石と比較することしかできない。このため、これらの化石はきわめて貴重なものであり、その「かたち」から私たちは多くのことを学ぶことができるものの、形態の比較という点で、分子遺伝学を根幹とする現代生物学のなかでは周辺的な位置にとどまってきたように思う。

一九六〇年代に入ると、タンパク質の違いを調べて生物の系統関係を明らかにする分子進化の方法が人類進化の問題にも応用されるようになった。ミシガン州立ウェイン大学のモーリス・グッドマン教授はこの分野の先駆者である。彼はアミノ酸配列をひとつひとつ調べるかわりに、免疫反応を利用してヒトのタンパク質が類人猿のタンパク質とどの程度近いかを測定した。その結果、ヒトとオランウータンの違いは、チンパンジーやゴリラとの違いよりも大きいことがわかったのである。人類進化に関するダーウィンの直観は正しかった。

一九七〇年代まではタンパク質を用いた研究が主流だったが、塩基配列の簡便な決定法が発表されたころから、ＤＮＡデータが用いられるようになった。現在では、前述のグッドマンらが行なったベータ・グロビン遺伝子の研究など、長い塩基配列を比較することによってさらに細かいところまでわかっている。日本でも、国立遺伝学研究所で長く研究をした宝来聰教授（現在総合研究大学院大学）らが類人猿のミトコンドリアDNA全塩基配列を決定している。ゲノム全体から見ればチンパンジー（およびボノボ）がヒトに系統的にもっとも近いことが確立している。また分子時計を利用して、およそ五〇〇万〜六〇〇万年前ごろヒトの系統とチンパンジーの系統が分かれたと推定されている。ゴリラの系統はそれより一〇〇万年ほど前にヒトとチンパンジーの共通祖先から分かれたようである。

このあたりの状況は、生物の進化を分子レベルで解き明かそうという分子進化学の発展と軌を一にしている。というよりも、なんといっても自分たち人間の進化は大問題であり多数の研究者がかかわってきたために、人類進化の研究は分子進化学の牽引車であったといってもよいだろう。分子進化の手法を用いて人類進化を研究する分野を**分子人類学**と呼ぶ。実際、人類の進化と起源の問題は、分子進化学と従来の形態学を主流とする進化学の主戦場のひとつになってきた。ヒトの系統が生じた年代（五〇〇万年前なのか一五〇〇万年前なのか）とヒトにいたる系統関係の問題（ヒトとチンパンジーが近いのか、チンパンジーとゴリラが近いのか）において、化石などの骨の形態の比較から主張された後者の説は、どちらもやがて分子データの前に崩れ去っていった。

これらの論争にしばしば登場したのが、故アラン・ウィルソン博士である。彼は一九九一年に亡くなるまで長年のあいだカリフォルニア大学バークレー校の生化学科で教鞭をとり、多数の弟子を育てた。ヴィンセント・サリッチ博士と共著で一九六七年に発表した論文は、頭の固い多くの人類学者をかんかんに怒らせてしまった。それほど確かな証拠に基づいてはいなかったにもかかわらず、当時の人類学の定説は、ヒトの系統が一五〇〇万年ほど前に類人猿の系統から分かれたというものだった。しかしウィルソン博士らはその分岐年代を、彼らが開発した定量的な免疫反応法によって、その三分の一の五〇〇万年だと推定したのである。一五〇〇万年と五〇〇万年でどうして目くじらたてるのか、と考える方もいると思うが、この違いはやはり大きいのである。一九七五年にチンパンジーとヒトの違いについての論文を彼らが発表して納得してもらえるまで、ウィルソン博士は古人類学の大家であるルイス・リーキー[4]博士と面会してもらえなかったそうである。

一方、ヒトと類人猿との系統関係については、ウィルソン博士よりも前から分子人類学の研究を始めて、現在も健在であるモーリス・グッドマン教授をはじめとする多数の研究者の努力によって、チンパンジー（およびボノボ）がもっともヒトに近いことが確定している。この系統関係についても、骨の形態の専門家は、チンパンジーとゴリラが類似しているので、ヒトはその外側に位置するはずだと長い間主張していた。これもそれほど確たる証拠があったわけではない。化石を扱う研究者は、もともとの研究資料がきわめて限られているので、少ないなかからなんとか意味のある結論を引

[4] ルイス・リーキー　一九〇三～一九七二。英国出身の古人類学者。東アフリカのオルドワイ渓谷で長く化石の発掘を行なった。ジンジャントロプス・ボイセイやホモ・ハビリスの発見で有名である。妻のメアリーや息子のリチャードも同じ研究分野である。

き出すことに慣れてしまっていて、やや想像をたくましくしすぎるきらいがあるのではなかろうか？　それに対して分子データは大量に集めることができ、客観的な統計検定もできるので、データが不十分なときには結論を急がず、慎重な言い回しをすることが一般的である。

現代人の起源問題でも、ミトコンドリアＤＮＡをはじめとする多数の分子データによって、ここでもさきほどのウィルソン博士らが提唱したアフリカ単一起源説がほぼ立証されつつある。一九九七年には、ネアンデルタール人の骨からミトコンドリアＤＮＡの塩基配列が決定され、現代人とは明らかに異なる系統に早くから分岐していることがわかった。その論文が掲載された学術雑誌『セル』の表紙は、通常なら細胞の写真が載るところだが、不気味に光るネアンデルタールの頭骨が占領していて異色の号である。このように現在では、生物の系統関係や種の分岐年代の推定には、形態ではなく分子を用いるべきだという認識が一般的になっている。

図５・２は、従来の化石などを用いた形態学的研究と分子人類学の成果を総合して、ヒト上科（ヒトと類人猿）の系統を示したものである。テナガザルについては一部の種のみを示してある。またこの図の分岐年代については目安程度に考えてほしい。従来、類人猿はオランウータン科（大型類人猿）とテナガザル科（小型類人猿）に分類されることが多かった。オランウータン科はショウジョウ科と呼ぶこともあるが、「ショウジョウ」（猩猩）とは、中国語でオランウータンのことである。しかし最近は

ヒトを一科一属一種と特別扱いするのをやめて、オランウータン科とヒト科を合体し、それをヒト科とする分類が主流になりつつあるので、そちらを示してある。テナガザルとオランウータンは東南アジアに分布するが、ゴリラ、チンパンジー、ボノボはアフリカに分布する。

およそ二〇〇〇万年前から現在までは「新生代第四紀」と呼ばれるが、氷河がたびたび地球上をおおったこともあり、熱帯の森林を生活の中心としていた霊長類はかなりの種類が絶滅した。たとえば、ラマピテクス、ドリオピテクス、ケニアピテクスといった化石類人猿は、二〇〇〇万年前から一〇〇〇万年前にかけてアジア、ヨーロッパ、アフリカに広く分布していたが、現在ではその子孫と考えられているオランウータンが、東南アジアのボルネオ島とスマトラ島に分布するだけである。

ヒトは現在世界中の大陸に分布しているが、図5・2の系統関係から、ヒトの祖先が類人猿の系統と分かれるまでは、アフリカに分布していただろうと推測することができる。実際に、五〇〇〇万年前後までたどられる古いヒト科の

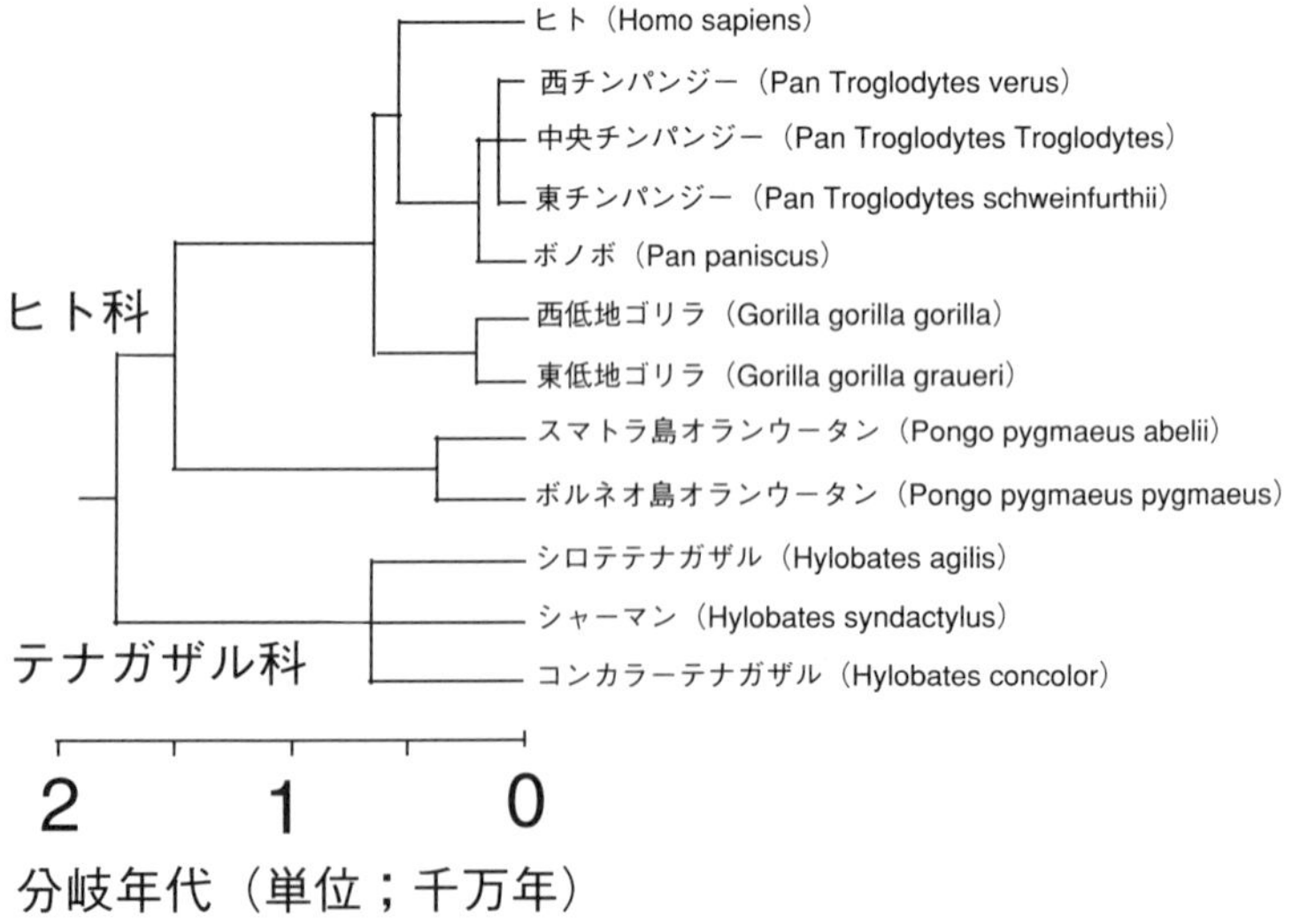

図5・2　ヒト上科（ヒトと類人猿）の系統関係

化石はアフリカに集中している。カリフォルニア大学バークレー校のティム・ホワイト教授と東京大学総合研究博物館の諏訪元博士らが、エチオピアで発見したラミダス猿人や、フランスの研究者が中心となってチャドで発見したオロリンピテクスがそうである。

チンパンジーの系統と分かれてから五〇〇万年ほどのあいだに、この系統樹には示していないが、ホモ属の系統はアウストラロピテクスやジンジャントロプスなどいくつかの種類を生み出してきた。ところが、チンパンジーの系統がボノボ（ピグミーチンパンジーやビーリャとも呼ぶ）とチンパンジーに分かれ、ゴリラも同じ種とはいえ山ゴリラと低地ゴリラに分かれたのに対して、ヒトの系統の現存種はヒトだけである。哺乳類では、数百万年のあいだに複数の種が形成されるのはごく普通のことである。かつてはいくつかの種が存在していたヒトの系統がなぜ現在一種だけしか存在しないのかについてはいろいろな説があり、人類進化の謎のひとつと言っていいだろう。

遺伝子の変転——人間と類人猿における遺伝子の独自な進化

ビタミンC

ビタミンは、少量だが私たち人間の生存に必須な物質である。たとえば、ビタミンC（Lアスコルビン酸）の摂取量が不足すると皮膚や血管壁がもろくなって出血しやすくなる壊血病にかかり、最悪の場合死んでしまう。これはビタミンCが皮膚などの結合組織に多量に存在するコラーゲンというタンパク質の合成に関与しているためである。ところがたいていの生物はビタミンCを食物からとる必要がない。彼らは体内でビタミンCを合成できるからである。ではビタミンCを合成できない人間が特別なのだろうか？　そうではない。人間のほかにも、霊長類のなかで類人猿、旧世界猿、新世界猿が同じようにビタミンCの合成機能を失っている。霊長類のほかには、哺乳類のなかではモルモット、ゾウ、フルーツコウモリもビタミンCの合成機能がない。これらの動物では、ビタミンCの合成過程の最後の段階で必要なLグロノラクトンオキシダーゼの遺伝子が偽遺伝子になってしまっているためである（図5・3）。

偽遺伝子となると、中立進化論の登場である。かつてはこれらの祖先動物でもビタミンCを合成することができたが、Lグロノラクトンオキシダーゼの遺伝子に突然変異が生じて、この酵素を作れなくなった。偽遺伝子化したのである。普通なら、この突然変異個体は生存することができないはずだ。ところがこの祖先猿は、今の猿と同じようにおそらく熱帯ジャングルに住み、果物などの食物にビタミンCが大量に含まれる環境にいたのだろう。すると体内でビタミンCを合成できてもできなくても、生存には影響がない。つまり、中立進化が起こったわけである。そのためこの祖先猿では、たまたまビタミンCを合成できない個体ばかりになったと考えればよい。この過程は図5・1に示した霊長類の系統樹でいうと、分岐点AとBのあいだで生じたと考えられる。人間の系統では、ビタミンCの前駆体であるL-グロノ-γ-ラクトンにもうひとつ前の前駆体から変化させる酵素の遺伝子も偽遺伝子となっている。

ABO式血液型

人間以外の霊長類でもABO式血液型は存在するが、チンパンジーはA型とO型だけであり、B型遺伝子がなく、逆にゴリ

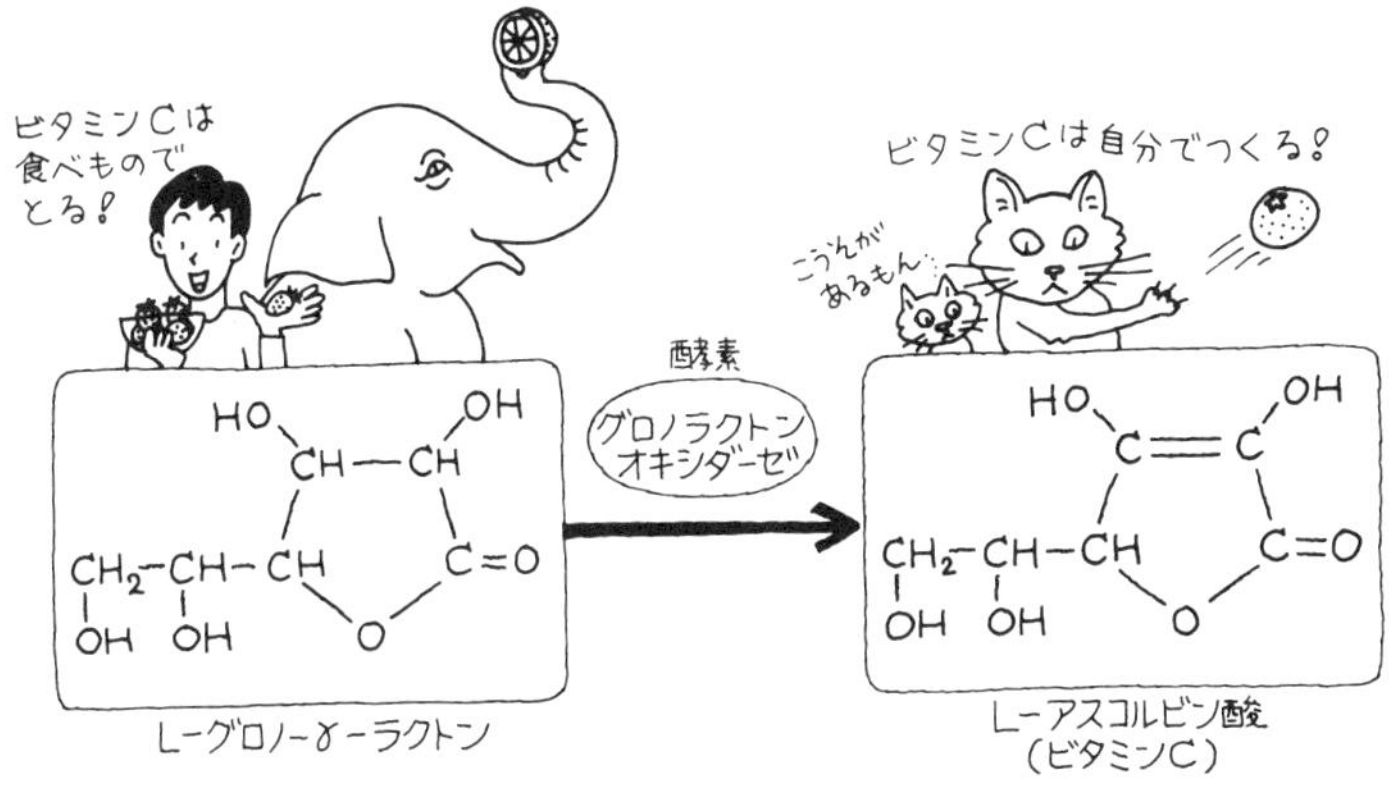

図5・3　ビタミンC合成過程の最終段階
人間やゾウでは、ビタミンC（L-アスコルビン酸）を前駆体から変化させて産生するのに必要なLグロノラクトンオキシダーゼの遺伝子が偽遺伝子になっている。それに対して大多数の生物はこの酵素が働いている。

ラは調べられた限りすべてB型で、A型遺伝子がない。オランウータンや旧世界猿では、A遺伝子とB遺伝子のどちらも見つかっている。このため、ABO式血液型遺伝子座では、霊長類の進化のかなり古い時代からA・B対立遺伝子が共存してきたのではないかという仮説があった。人間のABO式血液型遺伝子の塩基配列が発見されたので、その情報を使って、人間に系統的に近いチンパンジー、ゴリラ、オランウータン、ヒヒ、ニホンザルなど数種類の霊長類で、ABO式血液型遺伝子の塩基配列が決定された。図5・4は、私の研究室で決定したチンパンジー、ボノボのABO式血液型遺伝子の塩基配列とヒトの遺伝子の系統樹である。この図から、ヒトとゴリラのB型遺伝子は、それぞれ独立にA型遺伝子から生じたことがわかる。つまり、ヒトと類人猿の共通祖先では、ABO式血液型の共通祖先遺伝子はA対立遺伝子タイプであったようだ。

旧世界猿では、事情はかなり複雑である。まだあまり研究が進んでいないが、アフリカに分布するヒヒと主としてアジアに分布するマカクの共通祖先の段階で、すでにA型とB型の対立遺伝子が共存していたらしい（図5・5）。今から三〇〇万年

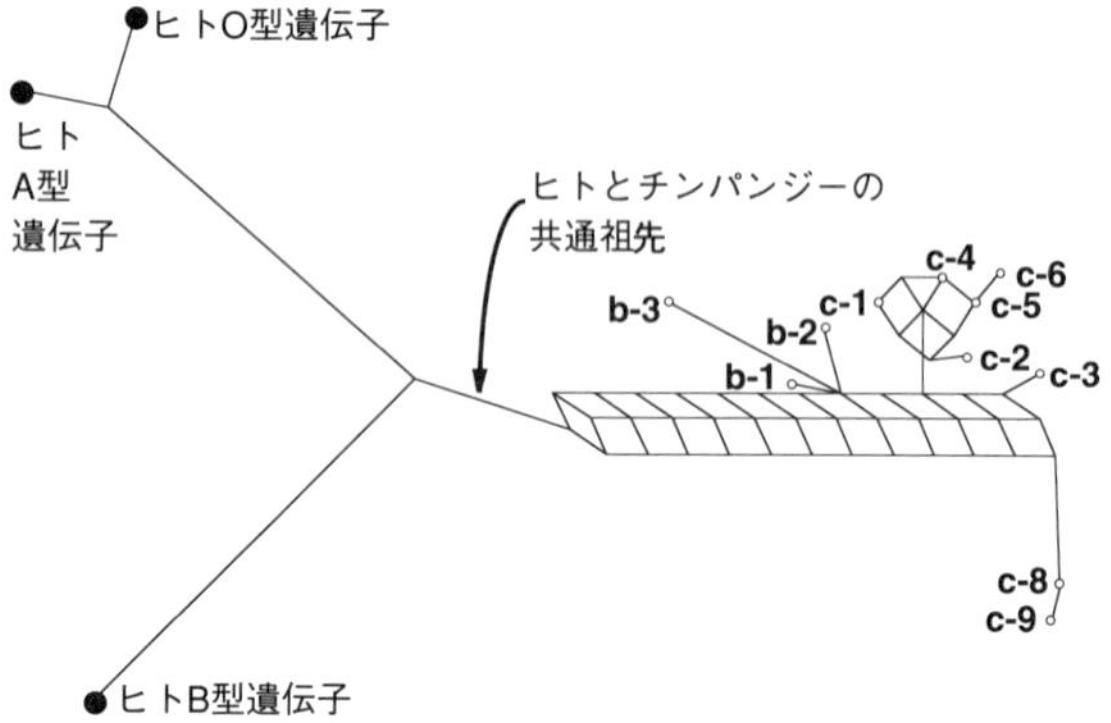

図5・4　ヒト、チンパンジー、ボノボのABO式血液型遺伝子の系統ネットワーク

系統ネットワークは配列間の関係を明確に表わすように、系統樹を一般化したもの。枝の長さは塩基の変化に比例して描いてある。bはボノボ、cはチンパンジーを表わす。

[1] **収斂進化**　異なる生物の系統で同じような形態や機能が進化すること。

ほど前のことである。ところが、ニホンザルが含まれるマカク類ではこれらA型とB型の遺伝子の系統が今日まで保たれたように見えるのに対して、ヒヒの系統では、いったんA型だけになったあと、B型の遺伝子があらたにA型遺伝子から突然変異で復活してきたように見える。ヒトとゴリラのB型遺伝子の場合と似かよった状況である。これは、分子レベルでの**収斂進化**[1]の例だと言えよう。このように、同じ表現型があちこちの生物の系統で独立に繰り返し出現する場合には、中立進化ではなく、生存に有利なものが生き残ってゆくという正の自然淘汰が働いている可能性がある。

機能を失ったシアル酸水酸化酵素の遺伝子

人間と他の生物の違いを知るために、ゲノムの塩基配列を比較しても、わかるのは遺伝子の変化であり、本当にわれわれが興味のある表現型（目に見える形態など）の違いの原因となったものはすぐにはわからない。しかし、塩基配列だけの解析からも、遺伝子の機能に迫ることは、特殊な場合には可能である。その例として、シアル酸水酸化酵素CMAHがある。シアル酸は、酸性の

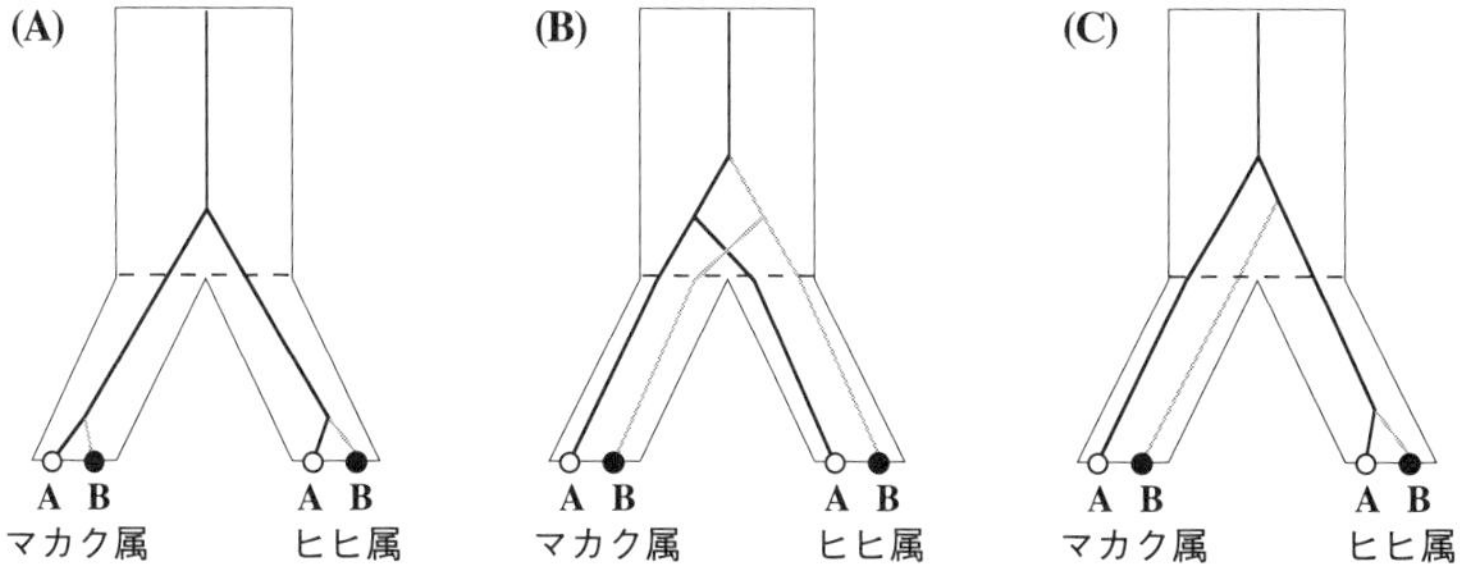

図５・５　旧世界猿におけるABO式血液型遺伝子の系統関係に関する３種類の可能性

（A）マカク属とヒヒ属が分かれたあと、それぞれの系統で独立にA型とB型が出現した。（B）マカク属とヒヒ属の共通祖先種でA型とB型が出現したあと、それらがふたつの系統に伝わった。（C）マカク属とヒヒ属の共通祖先種でA型とB型が出現したあと、マカク属にはそれらが伝わった。しかしヒヒ属の系統では一度B型が消えたあと、再び最近になって生じた。

糖であり、動物細胞の表面に存在する糖鎖の末端に位置している。シアル酸のひとつである「Nグリコリルノイラミン酸」は、通常はシアル酸水酵化酵素CMAHの働きで「Nアセチルノイラミン酸」という分子の形が少し変えられたものである。ところが、人間ではこの酵素CMAHが存在しないため、前駆体であるNアセチルノイラミン酸しか存在しない。チンパンジーやボノボでもこの酵素を持っている。高畑尚之副学長（総合研究大学院大学）のグループがこの酵素遺伝子の塩基配列を調べたところ、人間ではこの遺伝子の九二塩基からなる短いエクソンがAlu配列に置き換わるという特殊なタイプの欠失があり、このため偽遺伝子となっていた。この欠失は、およそ二七〇万年ほど前に、人間の系統でだけ生じたと推定された。おもしろいことに、このCMAH酵素は、チンパンジーなどの人間以外の生物では脳で働きが押さえられている。その理由は不明だが、脳の働きにはNグリコリルノイラミン酸よりも、前駆体であるNアセチルノイラミン

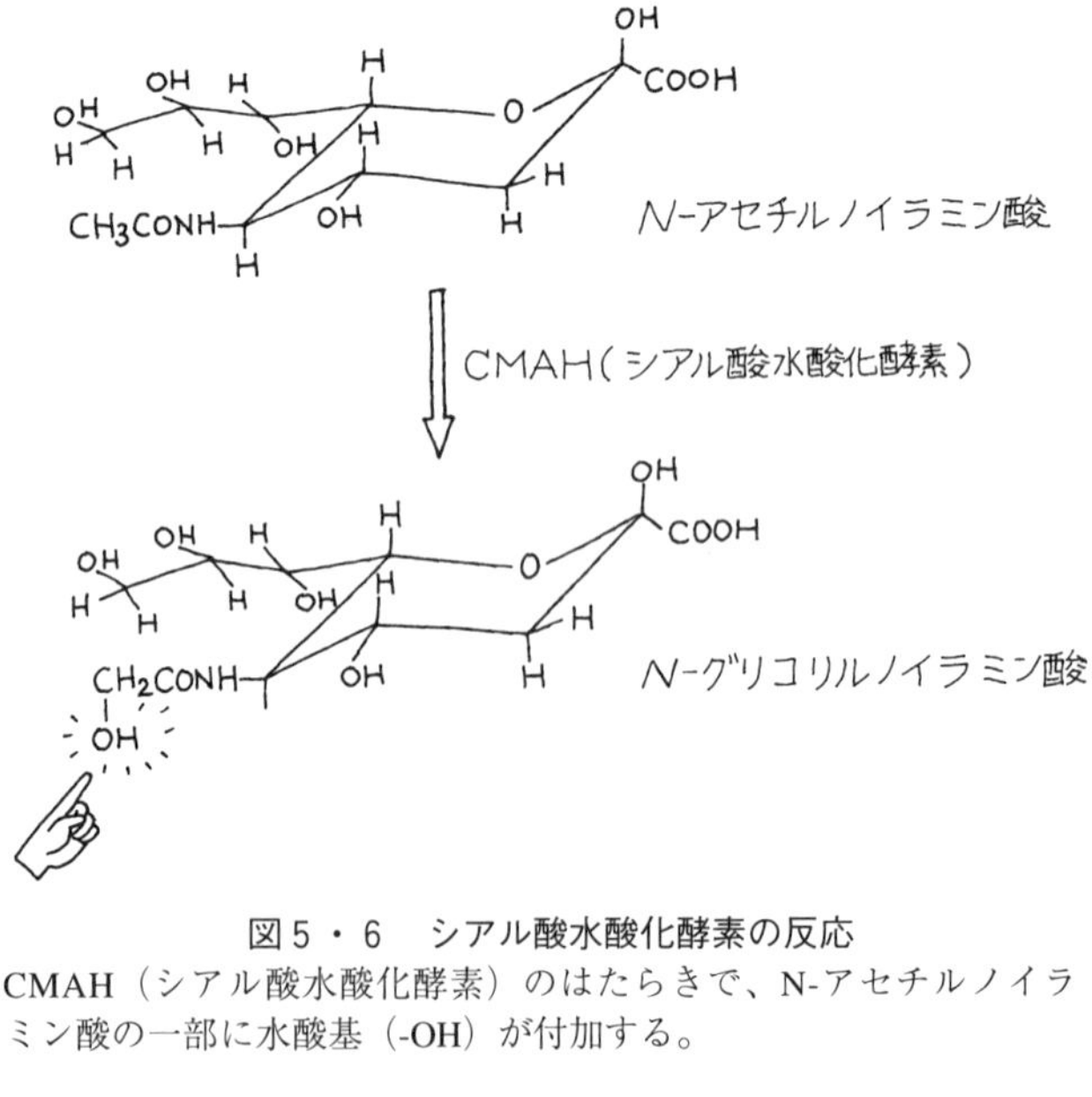

図5・6　シアル酸水酸化酵素の反応
CMAH（シアル酸水酸化酵素）のはたらきで、N-アセチルノイラミン酸の一部に水酸基（-OH）が付加する。

酸の方が都合がいいのかもしれない。興味深いことに、いわゆる猿人の時代には脳容量が類人猿とそれほど変わらなかったのに、二〇〇万年前以降のいわゆる原人（ホモ・エレクタス）時代になると、脳容量がどんどん大きくなっていった。このことから、この酵素遺伝子が偽遺伝子となったために、脳が大きくなりやすくなる状況が生じた可能性がある。

大量の塩基配列データが得られれば、このようなヒトだけの系統で偽遺伝子となっている例を見つけることができるだろう。もちろん、逆にヒトだけの系統で遺伝子重複したという例も塩基配列の解析だけから発見することができる。また正の自然淘汰にさらされて中立進化していない遺伝子も、コード領域の塩基配列を解析することによって浮かび上がらせることが可能である。われわれが以前から研究しているＡＢＯ式血液型遺伝子やＲｈ式血液型遺伝子の場合、そのような可能性が強い。遺伝子が正の自然淘汰を受けているかどうかを調べることは、機能についてより深い理解をするのに重要である。

ネオテニー進化——人間の特殊性

言語能力

大島渚監督の作品に『マックス・モン・アムール』という映画がある。シャーロット・ランプリング演じる女性が、なんとオスのチンパンジーであるマックスに恋してしまい、同じ部屋に住んでしまうというものだ。これは文学作品のようなものであり、シーンのなかには荒唐無稽に感じるところもある。ジェーン・グドール氏や故伊谷純一郎博士、西田利貞博士らの研究以来、チンパンジーやゴリラといった大型類人猿はきわめて人間に近い意識や心を持っているらしいことがわかってきた。しかし、話す言語が違っていても共通の理解を容易にすることができる人間どおしに比べると、近縁種といえども類人猿の個体にみだりに近づくことは危険だし、話し合ったりすることもまず不可能である。大型類人猿の心理や行動・生態の研究者には、彼らを人間並みに扱うべきだという主張をする人もいるが、では小型類人猿であるテナガザルはどうなのだろうか。少し離れるが、旧世界猿、新世界猿、さらには全哺乳類はどうなのだろうか。進化によってすべての生物がつながっている以上、このように連続性を重視すると、際限がないのではないだろうか。私はむしろ、人間と他の生物の断続性を強調すべきではないかと思っている。

断続性を際だたせるのは、人間だけが持っている能力だが、まっさきにあげられるのは、明確な文法構造を有する真性言語であろう。言語能力は長い間ヒト特有なものだと考えられてきたが、それに疑問を抱いた心理学者や霊長類研究者が、さまざまな形の「言語」を類人猿に教えようと努力した。しかし、単語の並び方に意味のある真の意味での「文法」を会得した類人猿は、一部の研究者の主張にもかかわらず、出現しなかった。

一方、言語ではないが、概念把握ならば、ニホンザルでも多数の鳴き声が群れの個体間でシグナルとして使われている。また松沢哲郎教授ら（京都大学霊長類研究所）は、チンパンジーには一から九まで数えることができることを発見している。さらにゼロも理解できるらしい。

脳機能の発達を促した遺伝子の変化のなかには、言語能力に直接かかわるものもあるだろう。類人猿にもヒトと本質的に同等な言語能力があるという研究もあるが、私は疑問である。特定の概念をシンボル化して、鳴き声なり身振りなりと対応付けすることを言語と呼ぶのならば、多数の鳥も言語を持っていることになる。言語はもっと高度な脳の働きであり、文法構造を持って組み合わせ爆発を引き起こし、巨大な可能性を生み出してこそ「言語」と言えるだろう。その意味で、文法構造を生成する遺伝子が存在するならば、それはヒト独自の塩基配列を持っているはずだ。

最近、オックスフォード大学の研究者が、言語遺伝子を発見したという論文を発表した。知的能力のなかで、言語能力だけが低下している人の家系を調べて、FOXP2という遺伝子がうまく機能していないことを突き止めたのである。この遺伝子は、転写制御因子のひとつだが、言語を話さないはずのマウスも同じ遺伝子を持っており、ほとんど似かよったタンパク質を作り出す。ところが、その後の研究で、チンパンジーはマウスとほとんど同一のタンパク質を作り出すが、人間にいたる系統でアミノ酸が二個変化したということがわかった（図5・7）。この変化がどのような機能の変化を生じたのか、あるいは生じなかったのか、興味があるところだ。ただし、二個のアミノ酸変化のうちの片方は、同じ変化が食肉目（イヌやネコが含まれる哺乳類の系統）でも生じていた。このような結果を見ると、はたし

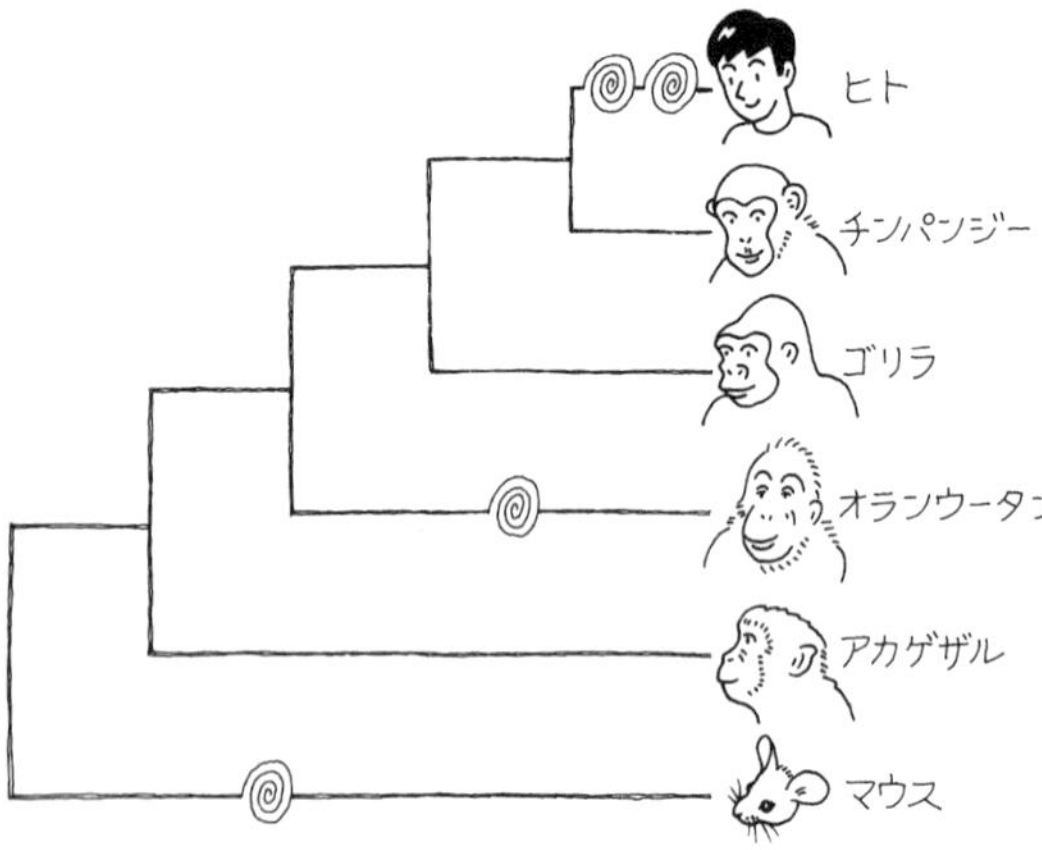

図5・7　系統樹上におけるFOXP2タンパク質のアミノ酸変化

ひとつの渦巻き印が1個のアミノ酸置換を表わす。ヒトとチンパンジーの共通祖先から現在までの約500〜600万年のあいだに2個の変化があったのに対して、他の系統では、それよりもはるかに長い進化時間に同じく2個だけの変化があった。線の長さは進化時間を反映してはいない。

てこのFOXP2遺伝子が言語能力だけに関係するのかどうか、はっきりしない。実際に、この遺伝子は大脳のほかに、肺や小脳でも発現している。いずれにせよ、現在の人間が持つ言語能力を獲得するまでには、ひとつの遺伝子だけでなく、複数の遺伝子が変化しただろう。

チンパンジーやゴリラは系統的にヒトに近いので、彼らの行動パターンや外部形態にはヒトと似ているものがある。しかし、もちろん違いは多い。表5・1に、それらの違いを列挙してみた。人類進化ではなじみ深いものばかりである。もちろんこのリストは、ヒトと類人猿の違いの一部のみであり、ほかにも多数の異なる部分があるだろう。細胞組織レベルでもさまざまな種特異性があると考えられる。形態に関与する遺伝子については、多面発現（ひとつの遺伝子が複数の形質に影響を与えること）の可能性も考慮するべきだろう。

ネオテニー進化の可能性

表5・1にも示したように、人間は直立二足歩行をする

表5・1　ヒトと類人猿の表現型における差異

形質	ヒト	類人猿
脳容量	約2000cc	400-500cc
眼窩上隆起	退化して小さい	大きい
歯列弓形態	放物線型	U字型
犬歯	退化している	大きい
おとがい	発達している	無
大後頭孔の位置	水平	傾いている
乳房	大きい	小さい
陰茎	太い	細い
骨盤	幅広い	細長い
発情期	無	有
体毛	少ない	多い
拇指対向性	顕著	存在する
手の精密把握能力	有	無
上肢の相対的比率	短い	長い
下肢の相対的比率	長い	短い
歩行様式	直立二足歩行	ナックル歩行

が、チンパンジーやゴリラは、手の甲を地面につけて四つ足で歩くナックル歩行と呼ばれる方法をとる。歩行様式にこのような違いがあるため、人間の骨盤は内臓を支えるようになり、形が変形した。人間の骨格には骨盤のほかにも、直立二足歩行に適している骨の形態がある。腕に対して足が長く、脊椎はゆるやかなS字状の湾曲をなしている。

しかし、なんといっても骨の形で人間が特徴的なのは、頭骨である。写真５・１には人間とチンパンジーの頭骨を並べてある。人間の頭骨は丸みを帯びており、チンパンジーの三倍ほど大きな脳を格納している。またチンパンジーは全体的にあごががっちりとしているが、大きな顎骨が生じる強大な咀嚼圧を逃がす構造として、眼窩上隆起（目の上の突起）がある。咀嚼力を出す側頭筋[1]は、チンパンジーの場合、頭の頂上から下顎骨まで頭の側面に伸びている。頭頂の隆起によって筋肉の付着する面積が増大している。歯の形も、類人猿では犬歯（牙に相当する）がほかの歯に比べてずっと大きいのに、人間では前後の切歯・小臼歯とあまり違わない。

このように、人間と進化的にもっとも近いチンパンジーですら、骨に限ってみても多数の違いがある。これらの差が、どのような遺伝子の違いによるものなのだろうか。その全貌はほとんどわかっていない。人間とチンパンジーの系統がおよそ五〇〇～六〇〇万年前に枝分かれしたあと、特に人間の系統でからだの形にかなり大きな変化が生じたように見える。自分たちのことは特別扱いにしたいという気持ちがあるとはい

［1］**側頭筋**　文字どおり、頭の両側に付着している筋肉であり、頭から始まって下顎骨の筋突起に付き、下顎骨を上後方へ引っぱる。これにより、固い食物をかみくだくことができる。

哺乳類では側頭筋にだけ存在する筋肉のミオシンタンパク質が最近発見された。ヒトの系統がチンパンジーとの共通祖先から分かれた後にその遺伝子が偽遺伝子になったため、ヒトの側頭筋が萎縮してしまったことがわかった。

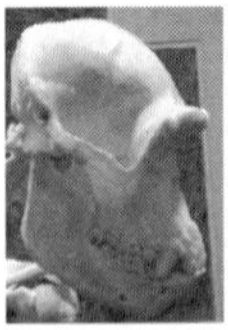
チンパンジー

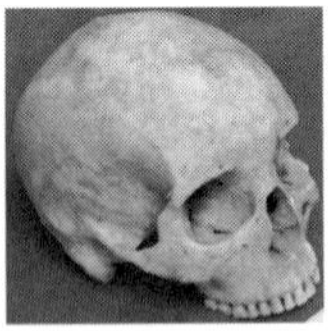
人間

写真５・１　人間とチンパンジーの頭骨

え、客観的に見ても人間はチンパンジーとの共通祖先から変化してきたようである。それに比べて、チンパンジーの方は、形の上でそれほどめだった変化はなかったように見える。だとすると、人間の進化には何か特別なことが起こったのだろうか。

ここで、写真5・2を見てほしい。チンパンジー、ボノボ、オランウータンの幼児を比較したものだ。これら類人猿の幼児が、なんとなくおとなの人間に似ていないだろうか。この類似性に着目して、幼い形のまま成長して成体になることが、人類進化の特徴だという仮説がある。これを**ネオテニー**進化説と呼ぶ。ネオテニーが実際に起こったかどうかは不明だが、二次性徴期に遺伝子の発現制御システムが変更されたと考えることはできる。人間でも、思春期になると特に男性は骨がごつくなり、声変わりしたりする。類人猿では、眼窩上隆起が発達したり、あごが前に飛び出してきて、幼児のときのまるまるっこい形から変化して、全体的にいかつい顔になってゆく。このような形態形成を制御する遺伝子の相互作用から見ると、ある段階から次の段階に進みにくくなる突然変異が生じれば、ネオテニーが生じ得る。タンパク質を作れなくなる偽遺伝子になる突然変異はその候補である。もっともこれは一連の仮定を積み上げた仮説にすぎない。将来の研究が待たれるところである。

写真5・2　チンパンジー、ボノボ、オランウータンの幼児

類人猿ゲノム計画シルヴァー
——ヒトの独自性を決めているものの探求

なぜ類人猿のゲノム解読が必要か

世の中にはいろいろな生物学者がいて、多種多様な生物を研究対象としているが、私の興味の中心は人間である。もちろん人間はヒトという生き物だから、まだ生物全体に共通なシステムが不明だった段階ならば、バクテリアを研究していても、ヒトでも使われているシステムを研究していることになっていた。しかし、少しずつ生物群特有のシステムが解明されるにつれて、本当に人間を理解するには、なるべくヒトに近い生物を研究するべきだという傾向が強くなってきた。バクテリアよりもショウジョウバエはずっとヒトに近い。しかし同じ哺乳類であるマウスやラットは、ショウジョウバエよりもさらにぐっとヒトに近い。現在ヒトゲノムに続いてマウスゲノムとラットゲノムの全容が明らかになりつつあるが、それはヒトへヒトへの波の強さを表している。しかし、究極的なヒトの独自性を調べるのなら、先に述べた近縁種と比較することが王道であり、この場合は類人猿を比較すべきである。

こうして、現在類人猿、特にチンパンジーのゲノムが注目を集めている。チンパンジーと人間のゲノムを比較すれば、具体的にどのくらいの数のＤＮＡ変化が人間性を規定しているのかを予想することができるだろう。人間とチンパンジーのＤＮＡレベルでの差はおよそ１・２％であるが、これにゲノムの総塩基数である三〇億個をかけると、三六〇〇万個の違いになる。これらのうち、ほぼ半分が人間独自の系統で蓄積した変化なので、結局一八〇〇万個の塩基変化が、人間の特異性を与えているわけである。ところがヒトゲノムの95％以上は、いわゆる「がらくたＤＮＡ」だと考えられている。これらは、ＤＮＡという化学的性質は残りの５％と同一だが、「遺伝子」としての情報を載せていないとみなされている。この見方が正しければ、遺伝子はがらくたＤＮＡという大海に散らばる群島のようなものである。とにかく、これで二十分の一になり、がらくたＤＮＡ以外の部分における変化は九〇万個に減る。さらにこれら「遺伝子」の上に生じたＤＮＡの変化でも、イントロンの中での変化や、アミノ酸を変化させない同義置換などは、ほとんど表現型に影響せず、中立進化をしていると考えられる。きわめて独断に満ちた推定だが、表現型に大きな変化を与えるのは、これら九〇万個のＤＮＡ変化のうちの１％程度、つまりおよそ一万個ぐらいではなかろうか。

人間にいたる進化の過程でどのような遺伝子変化が生じたのかは、分子人類学の大きな課題のひとつである。かつて故アラン・ウィルソン博士は、タンパク質のアミノ酸配列の情報を載せている構造遺伝子ではなく、遺伝子の発現を調節している調節遺伝子の変化が主なのではないかという仮説を提唱した。この仮説に対して、根井正利教授（ペンシルヴァニア州立大学）は調節遺伝子と構造遺伝子をどう区別するのかはっきりしないとした。もっとも、プロモーターやエンハンサーといった遺伝子発現の調節領域はコード領域ではないので、その意味では両者は区別できるだろう。

類人猿ゲノム計画シルヴァー

これまで論じてきたように、人間の特殊性を解明するには、近縁種である類人猿のゲノム配列を決定することが必須である。そこで私の研究室では、小規模ながら類人猿ゲノム計画を一九九九年に開始した。類人猿ゲノムは英語でApe genome、略してＡｇである。Ａｇは銀の元素記号でもある。そこで、「銀」の英語名（silver）をこのゲノム計画のコードネームとした。この計画のホームページはsayer.lab.nig.ac.jp/~silver/である。図５・８にトップページを示した。

類人猿ゲノムとヒトゲノムの塩基配列を比較したとき、

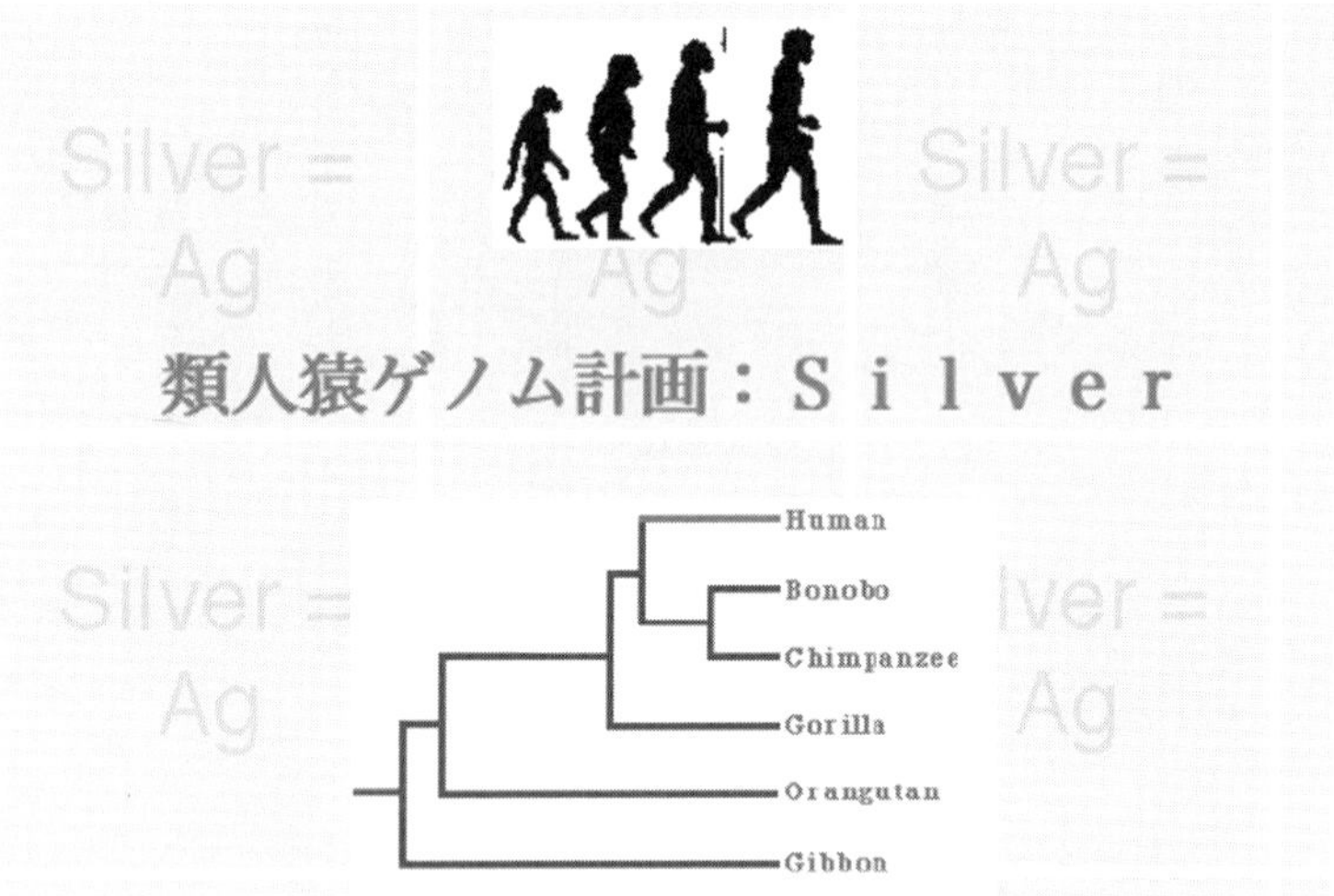

図５・８　類人猿ゲノム計画シルヴァーのホームページ

おもしろそうな領域はどこだろうか。第一に考えられるのが、脳で主として発現している遺伝子である。そこでわれわれは、神経伝達物質受容体遺伝子などの脳神経系で重要だと考えられる遺伝子の一部について、タンパク質のコード領域およびプロモーター領域の配列決定をヒトと類人猿で行なった。これらはすでに国際塩基配列データベースで公開されているし、シルヴァー計画のｗｅｂサイトでも詳しい解析結果とともに見ることができる。図５・９は、シルヴァー計画で決定した人間と類人猿のある遺伝子の塩基配列を並べたものである。神経伝達物質のひとつであるドーパミンを体内で生合成する反応系の最終段階である、Ｌドーパをドーパミンに変える酵素、芳香族アミノ酸脱カルボン基酵素のプロモーターの領域である。人間特異的な変化が三カ所見られる。このようなｗｅｂによるデータのすみやかな公開は、今後の研究スタイルの主流になってゆくのではないだろうか。

遺伝子のなかでも、血液型物質のように細胞表面に分布する分子にかかわるものは、細胞内で発現している遺伝子よりも正の自然淘汰を受けている可能性が高いと考えられる。これは、細胞表面は外来のバクテリアやウイルスの攻撃にさらされやすいという外的要因と、多細胞生物の場合他の細胞組織との相互作用という内的要因の双方が考えられる。われわれは、ここ数年間にわたってＡＢＯ式血液型遺伝子の研究およびＲｈ式血液型遺伝子の研究を行なってきた。そこで、これらの血液型については特に霊長類における進化を詳細に解明すべく、さらに研究を続けている。

```
nucleotides 121 - 180
   1 cagcattcccttgacactgcccttcgcagagcccgcagcgccccggcagcggcgatagct
   2 ............................................................
   3 ..................................................a.........
   4 ............................................................
   5 .................c.....................a....................
     -----------------+---------------------+----------+---------
nucleotides 181 - 240
   1 gcacgcgtggcggggcagacccgcaacattactgtggaccccaggctgtttaaaaagcgg
   2 ............................................................
   3 .....t.....a................................................
   4 .....t.....a................................................
   5 .....t.....a.........t......................................
     -----+-----+---------+--------------------------------------
nucleotides 241 - 300
   1 cgactccgttcaccccgtgtgctgtttagcacccagcctccccgtgaagctgcagacact
   2 ............................................................
   3 ......................................c..a.c................
   4 ......................................c..a.c................
   5 ......................................c..a.c................
     --------------------------------------+--+-+----------------
```

図５・９　シルヴァーの中の頁のひとつ（多重整列結果）

配列１～５のうち、１と２はヒトの配列、３、４、５は順にチンパンジー、ゴリラ、オランウータンの配列を示す。配列１と同じ塩基（a、c、g、t）の場合には、配列２～５は・で示してある。配列１と違う場合だけ、その塩基を示している。この中には、５カ所の塩基サイトが、人間特異的な変化を示している。

もうひとつ、興味があるのは、人間と類人猿の形態差を生じさせている遺伝子の差である。これを知るための第一歩として、ＨｏｘＡ遺伝子群のゲノム配列をチンパンジー、ゴリラ、オランウータンで決定した。この研究は、私の研究室に三年間滞在した韓国からの研究者、金衡坤博士（現在米国在住）が中心となって行なったものである。第4章で説明したように、Ｈｏｘ遺伝子群は動物の頭と尾を結ぶ体軸上に並ぶ節を特徴づけるのに必要な一連の遺伝子である。哺乳類にはＡ、Ｂ、Ｃ、Ｄという四個のＨｏｘ遺伝子群が存在し、そのうちのひとつであるＨｏｘＡ遺伝子群はヒトゲノムでは第七染色体の上にある。

私たちは、Ｈｏｘ（ホックス）Ａ遺伝子群の中央にある、Ａ4〜Ａ7遺伝子を含む三〇〇〇〇塩基のゲノム配列を、チンパンジー、ゴリラ、オランウータンで決定した。図5・10は、塩基配列決定の様子を示したものである。横に長く伸びた線がゲノムを表し、箱の部分が遺伝子である。その他は遺伝子間領域と呼ばれ、通常はがらくたＤＮＡが大部分を占めている。その下にあるたくさんの短い横線は、塩基配列を実際に決定するのに使ったＰＣＲ産物である。ＰＣＲ産物とは、ＰＣＲ法によって増幅されたＤＮＡのことである。このように、たくさんの短いＰＣＲ産物の塩基配列を重ねていけば、長いゲノム配列を得ることができる。

チンパンジー、ゴリラ、オランウータンで共通に決定できた二〇〇〇〇塩基の領域をヒトゲノムと比較すると、人間とチンパンジーでは０・７％の違いがあることがわ

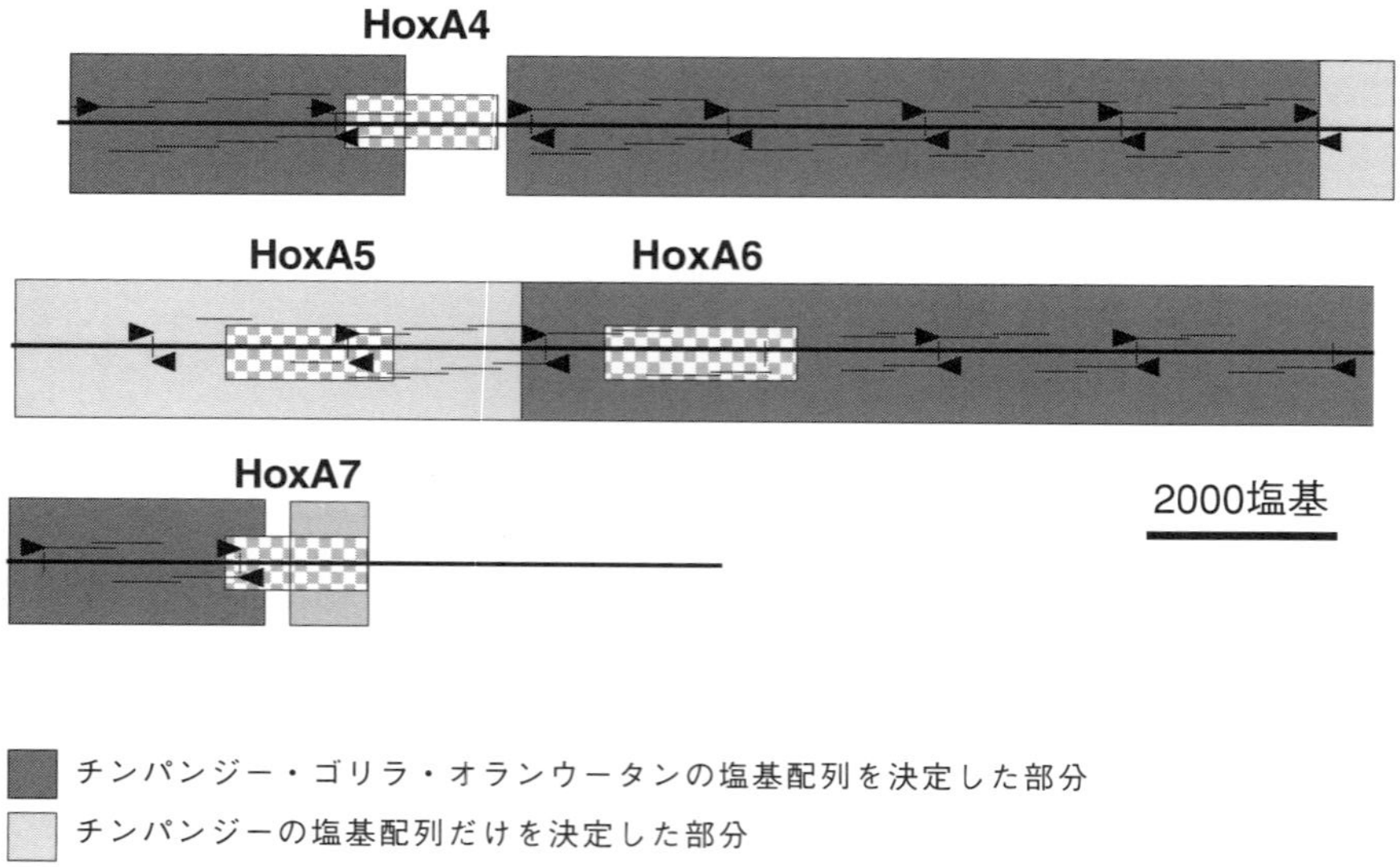

図5・10　HoxA遺伝子群のゲノム領域の塩基配列決定の様子
HoxA4-HoxA7遺伝子の領域およそ3万塩基を連続して配列決定するために、比較的短いDNA断片（横線で示した）の塩基配列を決定し、それらをつなげていった。

かった。これは、ゲノム全体の違いである１・２％よりもずいぶん小さい。塩基配列を決定した領域の大部分が遺伝子と遺伝子のあいだの部分であったことを考えると、この領域はがらくたＤＮＡに占められているのではなく、生物にとって重要な部分が多いだろうという推定が、中立進化論をもとにしてできる。タンパク質のアミノ酸配列を担ってはいないが、そのような普通の意味での遺伝子がどの器官で、どの時期に、どれくらいの量を生じるかという制御情報を与えているＤＮＡ領域があるはずである。ＨｏｘＡ遺伝子群の遺伝子間領域には、このような制御情報が詰まっていると予想される。これらの中には、骨の形を微妙に変化させるのに貢献しているものもあるかもしれない。

　類人猿の行動を研究している人の多くは、チンパンジーやゴリラが人間に近いことを強調する。もちろん生物学的に見て彼らこそがヒトにもっとも近いことは明らかである。しかし、これまで人文社会科学の大部分が人間だけを相手に研究してきて、人間以外の動物を見向きもしなかったことも事実である。人間の本質に迫ろうとした文化人類学は、多種多様な人間の文化にばかりとらわれてしまい、袋小路に入ってしまった。これは、われわれ人類学者が口を酸っぱくして「類人猿は人間の兄弟分です」といったところで、両者のあいだに明確な断絶のあることをほとんどの人間が感じているからだろう。

　類人猿がケモノにとどまっており、ヒトだけがなぜこのようなヘンな生き物にな

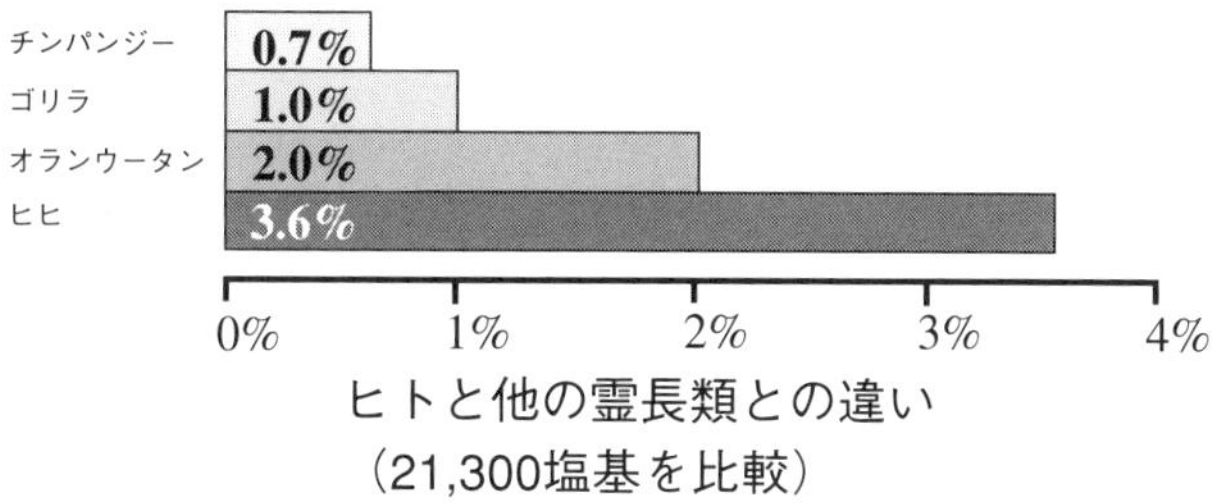

図５・11　HoxＡ遺伝子群領域におけるヒトと他の霊長類のDNAの違い

ってしまったのか。私にとっては、これこそが大問題である。論理的に考えて、その鍵はヒトゲノムと類人猿ゲノムの違いのどこかにひそんでいるはずである。おそらく脳の働きの何かであろうが、脳だから、ソフトウェアはむずかしすぎて簡単には解明できないと逃げる必要はないだろう。コンピュータが人間という「神」の創り出した合目的な機械であり、ハードウェアとソフトウェアが明確に区分できるのに対して、生物は長い進化を経て出きあがってきた、すぐれて歴史的な産物である。そこでは、ハードウェアとソフトウェアの区別は明瞭ではない。両者は渾然一体としているのではなかろうか？　とすれば、ハードウェアたる神経細胞群を構築するのに必要な遺伝子セットを見つけたら、脳の不思議はほぼ解明できたに等しい。私はこのような楽観論をとっている。そのような楽観論にたてば、類人猿ゲノム計画は人間の神秘への扉へ向かって意外と近道を歩いているのではないかと考えている。

意識の発生――脳神経系の発達

人間を生物学的に論じるときに、もっとも問題となるのが「心とは何か」であろう。現代の生物学者の大部分は生気論[1]ではなく、生命と無生命に明確な境界はないとする機械論の立場にあると思うが、心の問題になると、機械論の延長と言える「心身一元論」ではなく、「心身二元論」に傾く人もいるようである。実際にそのような人に出会ったことがある。最近米国で開催された言語能力の起源に関する研究会で知り合った英国のある脳研究者とあれこれ話していたら、どうやら心身二元論を支持しているようなので、そうなのかと問いただしたら、YESという返事だった。

しかし、生物進化を考えれば、無生命から生命へ、さらに心を持つ生物へと連続的であることは自明であり、その意味において「生気論」や「心身二元論」に組みすることはできない。となれば、言語について考察したときと同じ論理が働く。つまり、意識にも遺伝的基礎があるはずである。図5・12は、それらの関係を戯画にしたものだ。遺伝情報はゲノムの中に書き込まれており、それらはデジタルであり、明確に記述することができる。このデジタル情報が転写装置によって読みとられてさまざまの

[1] **生気論**　生命には、無生命の世界にあてはまる物理化学的原理以外に、それらによっては解明することができない、生命特有の原理が存在すると主張する考え方。機械論と対立する。

RNA分子が生成され、さらにそのうちメッセンジャー（伝令）RNAに乗っている情報から、翻訳装置によってタンパク質が生成される。さらにこれらのタンパク質やRNAからさらに多数種類の高分子が生成され、細胞が構成される。ここまで来ると、はじめのデジタルゲノム情報は霧散してしまい、摩訶不思議な「細胞」というものを記述するには、簡単なデジタル論理ではなかなかむずかしくなる。しかしそれを行なっているのが現代生物学である。細胞の上の段階には組織があり、器官があり、個体がある。そうして、少なくともヒトの場合、意識あるいは心が存在している。

この階層構造を、「ゲノム・インフレーション」とでも呼ぶとしよう。（図5・12）。原理的には、ヒトゲノムというせいぜい三〇億個の文字列で記述できるファイルがある。しかしそこから立ち昇っている生命ははるかに複雑な様相を示している。したがって、ゲノム配列がわかったからといって、生命のすべてがたちどころにわかってしまうわけではない。それでも、機械論と心身一元論は、ゲノム情報が意識にまでも連なっていることを明確に示している。両者のつながりを二十一世紀中に解き明かすことができれば、すばらしいことだ。

図5・12　ゲノム・インフレーション

第6章　ゲノムのもたらす生命観

この最終章では、ゲノム学の今後を展望する。遺伝学は生物機械論の嫡子的立場にあるが、同時に遺伝情報を個々の塩基にまでばらばらにすることができる点で、還元主義研究の最たるものでもある。ゲノム研究はこの遺伝学の特徴を受け継いでさらに拡大した。還元主義は個々の点にこだわり、全体を見通すことができないと批判されて久しいが、有限世界を全部知り尽くすことで、還元主義によって全体を展望することが可能になった。この意味で、21世紀の生物学は新しい地平に立っていると言えよう。

ゲノムのもたらす生命観——知と倫理

遺伝子型と表現型をつなぐことのむずかしさ

われわれが森羅万象を把握しようとするとき、二つの視点に分けて考えることができる。それはモノとコトである。モノとは物質そのもの。コトは情報、あるいは、物質間の相互関係。コトは論理的に記述できる世界であるのに対して、モノはそれが簡単ではない。モノとコトで言えば、構造はモノで、機能はコトであると考えたくなる。しかし、論理的な記述のしやすさを考えると、構造の方が簡単であり、その意味では相互関係の記述であるコトに近い。機能が漠然としている点は、モノの記述がきわめて困難であることにつながっているように見える。これはどう考えたらよいのだろうか？　ゲノムの塩基配列はデジタルであり、明確かつ簡単に記述できる情報、つまりコトである。これに対して、ゲノム配列の中に埋まっている遺伝子の機能を情報のレベルあるいは論理構造で記述しようとすると、著しい困難にであってしまう。だいたい、「遺伝子」の「機能」とは何なのだろうか。実はどちらもあいまいな概念なのである。

ここに、遺伝子型と表現型をどのようにしてつなげるかという、遺伝学における大問題が存在する。DNAを考えてみよう。その構造は二重らせんであり、四種類のヌクレオチドの非周期的結晶だ。そのエッセンスはA、C、G、Tという四文字の連なりで表すことができる。この意味で、遺伝子型は明快である。ところが遺伝子の機能が具現した表現型はどうだろう。これはそう簡単ではない。DNAは遺伝子の物質的本体であり、その機能はすなわち遺伝子の機能ということになるのだろうが、この「遺伝子」というのが定義しにくいのである。

ゲノムの塩基配列はたしかに膨大なデータだが、そこから遺伝子の機能を探ることは、そう簡単ではない。細胞の中では、転写システムがすいすいとDNAの上を滑って次々と遺伝子の発現を行なっているのだろうが、われわれはまだその全体像をつかんではいないのである。もしすべての転写制御システムが解明されたら、その知識をもとにして転写系のシミュレータを作ることができるだろう。そこにゲノム配列をぽいと放り込めば、遺伝情報が正しく認識されて、たちどころにして発生が始まり、多細胞生物が浮かび上がってくる。これはまだまだ夢のまた夢である。今のところは、歯をくいしばって、わかるところからとりあえず攻めてゆくという戦法でゆくしかない。

このような観点は、多くの研究者が共有しているらしく、二〇〇三年から、米国を中心にして、エンコード計画が始まった。「エンコード」とは、暗号化するという意味だが、ゲノム情報の中にどのような形で生命現象を実現させる暗号が組み込まれているのかを解き明かす研究である。解き明かすのなら、「デコード」だが、こちらの方は、アイスランドの国民全員の遺伝情報を調べる計画をアイスランド政府から請け負っている民間会社の名前に使われてしまっているので、おそらく仕方なくエンコードという名前にしたのだろう。エンコード計画では、まずヒトゲノム全体の1％の領域を選んで、試験的に解析を行ない、それによって解析方法を確立したら、残りの99％を一気に調べるという二段階である。ヒトゲノムの塩基配列計画がおせおせどんどんで行ったのとは異なり、手探り状態であることが、このような研究体制からもうかがえる。ゲノムの塩基配列から遺伝情報を発見するのは、一筋縄ではいかないからだ。日本でもエンコード計画に似た、「ゲノムネットワーク計画」が二〇〇四年度から開始される予定である。

生命倫理の問題

ヒトゲノムの研究が進むにつれて、このような詳細な遺伝子のデータを個人個人で明らかにしてゆくことは、個人のプライバシーを侵害することになるのではないか、という批判が生じた。人間の遺伝情報を調べること自体は、人類遺伝学で以前から行なわれていた。たとえば、ＡＢＯ式血液型を調べた結果からは、その人のゲノム中のＡＢＯ式血液型遺伝子塩基配列の一部を推測することができる。フェニルケトン尿症をはじめとする新生児のスクリーニングも、その結果からそれぞれの赤ちゃんのゲノム配列の一部分を知ることができる。

おそらく批判が生じるのは、ゲノム全体という情報量の圧倒的大きさであり、そのような情報を比較的簡単に得ることができるようになる近い将来、爆発的な技術発展によって人間を差別することに対する不安感だろう。その疑問がたしかにあたっている側面はあるだろう。実際に米国では、ヒトゲノム情報を生命保険の掛け金計算に用いてはならないという議論が行なわれている。しかし、差別は世の中に充ち満ちている。たとえば、結婚相手を捜すことは、差別にほかならないではないか。自分にもっともふさわしい相手を見つけるという表現には、差別の臭いがうまく隠されているだけであり、実際には強烈な差別が存在している。

このような現状を考えれば、「知は力なり」だと思う。自分自身のゲノム配列を知ることは、決して悪いことではない。大事なのは、そのような個人情報を誰が管理するかだろう。生まれてくる子供の性別をその子の両親に教えなかったり、がんを本人に告知しないことが現在でもまだ行なわれているようだが、医療現場におけることのような情報操作は、ゲノム情報の場合を含めて、考え直す必要があるだろう。

ゲノム生物学の未来——精神の理解へ

本書を締めくくるにあたって、二〇世紀末に勃興した、ゲノムの塩基配列を決定することを出発点とする「ゲノム生物学」が、今後どのように発展してゆくのかについて、考えてみよう。

ゲノム生物学は、単に実験の規模が大きくなったというだけではない。ある生物が持つ遺伝情報の「すべて」を明らかにする、という点で、従来の生物学研究と考え方が大きく異なるのである。たとえば、ある酵素の働きを知りたいときには、その酵素だけを精製し、細胞の中の残りの成分はすべて捨て去る。そうして精製された酵素は、生物の体内（ラテン語を使って、イン・ヴィヴォと呼ぶ）とはまったく異なる試験管内の人工的な環境（イン・ヴィトロ）で活性をチェックされる。このような研究の膨大な積み重ねが生化学である。このため、これら個別の酵素反応を羅列した「代謝経路」は、生物体内で実際に生じている反応を体現しているとはいいがたい。

この批判に応えるために、ゲノムの塩基配列を決定するという基盤知識から出発したゲノム生物学は、細胞全体で作られているメッセンジャーRNAを全体としてとらえる「トランスクリプトーム」、細胞内のタンパク質まるごととしての「プロテオーム」、細胞の中のすべての糖の分布である「グライコーム」、さらには細胞内のすべての代謝産物に対応する「メタボローム」といった諸概念を次々に生み出していった。受精卵から始まる発生過程において、胚のどの部分でどのメッセンジャーRNAが発現しているのか、生物個体まるごとを調べる技術も使われはじめている。たとえば、私のいる国立遺伝学研究所の小原雄治教授のグループは、エレガンス線虫の数千個の遺伝子について、それらの発生における遺伝子発現を調べている。

ひとつひとつの事象を明らかにしてゆく、自然科学本来の還元主義が、生物まるごとを常に考える「全体主義」（ホリズム）を取り込む糸口になるのがゲノムなのである。有限世界のすべてを枚挙することができれば、あとはそれらのあいだの関係を明らかにしてゆく段階に入る。これもまた従来の還元主義を踏襲しているだけなのに、いつのまにか生物全体を知ることになるはずである。還元主義を否定して、わけのわからないことを言い続けてきた全体主義生物学は、こうしてほろんでゆくだろう。

ゲノム生物学がこのような段階に達したときに重要なのは、「有限世界」の分析である。自然科学の世界では、現象をモデル化するときに数学の力を借りる。この際、数学的取り扱いをなるべく簡単にするために、無限な状態を仮定することがこれまでは多かった。しかし、現実の世界は常に有限である。宇宙ですら有限だ。無限状態を仮定して話を進めてゆくと、数学的には美しい結果が得られるかもしれないが、現実をよく反映するモデルとなるとは限らない。ひとつの生物個体を作り上げている細胞の数は生物によって異なるが、一個の細胞からなる単細胞生物であれ、数百個、あるいは数万個、あるいは人間のように六〇兆個という巨大な細胞数があるかもしれないが、すべて有限である。将来は、これらの全細胞を考慮して個体を考える必要があるだろう。このためには、膨大な数のCPUを有するコンピュータが必要であろう。おそらく、ひとつの細胞の振る舞いを計算するように特化した、「細胞チップ」とでも呼べるようなコンピュータチップが、いずれは開発されるだろう。それらチップ同士はお互いに情報を交換することによって細胞間情報伝達をシミュレートする。このような細胞チップが集積して、生物個体を模倣するコンピュータ巨大クラスターがやがて登場するだろう。

ひとつの細胞は、一立方ミリメートルに満たない場合が多いのに、実に複雑な存在である。その中に存在する全分子数は、アボガドロ数[1]（6×10の23乗）ほどではないが1京（10の16乗）個をはるかに超える数である。もしこれらすべての分子の動きをシミュレートしようとすれば、それだけで現在地球上にあるすべてのコンピュータを動員しても無理なのではなかろうか。分子の振る舞いは量子力学で記述されるので、現在開発されつつある量子コンピュータの本格的登場を待たなければ、このような細胞の微細活動のシミュレーションは無理かもしれない。しかし、このようなことが現実化すれば、空気の流れを調べる風洞実験がコンピュータシミュレーションにとって

[1] **アボガドロ数**　ある物質一モル中に含まれている単位分子の総数。およそ6・02×10の23乗である。

代わられたように、簡単なものであれば、細胞の振る舞いも実験することなしに高い精度で予想することができるようになるだろう。

論理的には、そのはるか先に人工知能があるはずだ。それは、二十世紀に夢見られたような、デジタルコンピュータが単に巨大化したものではないかもしれない。しかし、生物機械論、およびその論理的延長である心身一元論の立場にたてば、生物体内の物質の振る舞いをすべて把握できれば、心の発生も理解できるはずである。もっとも、既知の自然科学の知識を総動員して、ゲノム生物学の立場で生物のすべての挙動を枚挙しても、未知の現象を解明することは簡単ではないだろう。しかし私は楽観主義者なので、期待も入っているが、なんとなくこの二十一世紀が、「人間とは、精神とは何か」を、物質という根底のところで解き明かしてしまう時代にさしかかっているのではないかという気がするのだ。

あとがき

この本は、私にとって二冊目の単著である。その意味では、一九九七年に出した最初の単著『遺伝子は三五億年の夢を見る』（大和書房）を継承・発展させたものだとも言える。同一の人間が書いたものなので、両者にはよく似たところもあり、まったく別のものを書くのが難しいことを痛感している。しかし、最近七年間の研究の発展と自身の考察の深化をなるべく取り入れたつもりである。また、「ワードマップ」シリーズのひとつという本書の性格上、各章がある程度独立した形となり、一部には内容に重複もあるが、お許しいただきたい。本書を読んだ感想や、内容についてのコメントを、私のホームページ（URL= sayer.lab.nig.ac.jp/~saitou/index-j.html）にある質問ボックスに書き込んでいただければ幸いである。正誤表を含めた本書の追加情報も、このホームページで提供する予定である。

本書には、私の研究室で行なってきた研究成果の一部が盛り込んである。一九九一年に国立遺伝学研究所に赴任して以来、現在までにともに研究したり研究の補助をしていただいた以下の方々に深く感謝する—太田聡史、隅山健太、北野誉、金子美華、野田令子、富木毅、キリル・クリュコフ、江澤潔、キム・ヒョンチョル、石橋みなか、ピエトロ・ペーターセン、リュウ・ユンファ、キム・チュンゴン、嶋田誠、高橋文、川本たつ子、杉村絵理、吉田由美子、水口昌子、小平順子、鈴木真有美、北野英美、青島昌子、近藤真代、野秋好美、井出敦子。また、これまでに多数の方との共同研究を進めてきた。多人数にわたるのでお名前は割愛させていただくが、これらの方々にも深く感謝する。

本書の図の過半数は、最初の本の時にも何枚かの図を描いていただいた、生物画イラストレーターの安富佐織さんによるものである。安富さんには原稿も全部読んでいただいた。また、本書の執筆の端緒を作っていただいた東京大学大学院総合文化研究科の長谷川寿一教授、筆の遅い私を辛抱強く待っていただいた新曜社編集部の塩浦暲さんに感謝する。

最後に、本書を義父、故村山善三郎に捧げる。幅広い分野の本を渉猟していた義父なので、元気であったなら本書も読んでもらえただろう。

科学紀元四年四月

斎藤　成也

索　引

■た行

■な行

■は行

■ま行

■や行

■ら行

■わ行

参考文献

本書の中で言及した文献、本書を執筆するのに参考にした文献、および本書の内容に関連の深い文献を以下に示した。特に、著者が以前発表した文献（＊印を付けた）からは、その内容の一部を、本書に取り入れている。また、本書の執筆中、ひんぱんにフリー百科事典「ウィキペディア」（http://ja.wikipedia.org/wiki/）を参照させていただいた。ここに謝する。

第1章

＊斎藤成也（1999）生命現象の二面性——モノとコト. FINIPED, 91号, 31-34頁.

『ミリンダ王の問い１』平凡社東洋文庫.

ラマチャンドラン・ブレイクスリー共著, 山下篤子訳（1999）『脳の中の幽霊』角川書店.

第2章

＊斎藤成也（1995）木村資生氏と中立説. SHINKA, 第５巻１号, 7-13頁.

＊斎藤成也（1997）『遺伝子は35億年の夢を見る——バクテリアからヒトの進化まで』大和書房.

＊斎藤成也（2000）特集：人類の起源と進化をDNAレベルで探る, 序論.蛋白質核酸酵素, 45巻16号, 2567-2570頁.

＊斎藤成也（2001）書評：『ヒトゲノム』（榊佳之著, 岩波新書）. 平凡社ネットで百科, デジタル百科, ７月号.

S. オオノ著, 山岸秀夫・梁永弘共訳（1977）『遺伝子重複による進化』岩波書店.

木村資生（1975）集団遺伝学理論入門. 木村資生編『ヒト遺伝の基礎』岩波書店, 35-69頁.

木村資生（1976）分子進化論および集団遺伝学における中立説の立場. 科学, 46巻９号, 528-535頁.

木村資生著, 向井輝美・日下部真一共訳（1986）『分子進化の中立説』紀伊國屋書店.

木村資生（1988）『生物進化を考える』岩波新書.

斎藤成也（1994）空の世界——中立論からみた生物進化. 盛永宗興編『禅と生命科学』紀伊國屋書店, 237-262頁.

榊佳之（2001）『ヒトゲノム』岩波新書.

シャイン・ローベル共著, 徳永千代子・田中克己共訳（1981）『モーガン——

遺伝学のパイオニア』サイエンス社.
中沢信午（1985）『遺伝学の誕生』中公新書.
根井正利著・監訳, 五條堀孝・斎藤成也共訳（1990）『分子進化遺伝学』培風館.
八杉龍一（1972）『近代進化思想史』中央公論社自然選書.
吉原賢二（2001）『科学に魅せられた日本人』岩波ジュニア新書.
渡辺正隆（1998）『DNAの謎に挑む』朝日選書.
R. ルーウィン著, 斎藤成也監訳（1998）『DNAから見た生物進化』日経サイエンス別冊.
Crow J.F. and Kimura M. (1970) *An Introduction to Population Genetics Theory*. Harper & Row, New York.
International Human Genome Sequencing Consortium (2001) Initial sequencing and analysis of the human genome. *Nature*, Vol. 409, pp. 860-921.
Saitou N. and Nei M. (1986) Polymorphism and evolution of influenza A virus genes. *Molecular Biology and Evolution*, Vol. 3, No. 1, pp. 57-74.

第3章

*斎藤成也（1997）『遺伝子は35億年の夢を見る――バクテリアからヒトの進化まで』大和書房.
*斎藤成也（2001）ヒトゲノム計画は今. 別冊化学『ヒトゲノム最前線』化学同人, 12-21頁.
佐藤矩行, 佐藤ゆたか, 小原雄治（2003）ホヤ・ゲノムの解読. 細胞工学, 22巻, 776-783頁.
Kitano T., Sumiyama K., Shiroishi T., and Saitou N. (1998) Conserved evolution of the Rh50 gene compared to its homologous Rh blood group gene. *Biochemical and Biophysical Research Communications*, Vol. 249, No. 1, pp. 78-85.
Kitano T. and Saitou N. (2000) Evolutionary history of the Rh blood group-related genes in vertebrates. *Immunogenetics*, Vol. 51, No. 7, pp. 856-862.
Sawada H., Suzuki F., Matsuda I, and Saitou N. (1999) Phylogenetic analysis of Pseudomonas syringe pathovar suggests the horizontal gene transfer of argK and the evolutionary stability of hrp gene cluster. *Journal of Molecular Evolution*, Vol. 49, No. 5, pp. 627-644.

第4章

*斎藤成也（1997）『遺伝子は35億年の夢を見る――バクテリアからヒトの進化まで』大和書房.
*斎藤成也・太田聡史（1999）生命システムの進化――分子進化学におけるシステム思考の試み. bit, 31巻6号, 24-28頁.
*斎藤成也・北野誉（1999）ABO式およびRh式血液型遺伝子の進化. 細胞工学,

18巻7号, 1039-1047頁.
*斎藤成也（2000）類人猿ゲノム計画 Silver.「特集：人類の起源と進化をDNAレベルで探る」蛋白質核酸酵素, 45巻16号, 2604-2611頁.
*斎藤成也（2000）特集：人類の起源と進化をDNAレベルで探る, 序論. 蛋白質核酸酵素, 45巻16号, 2567-2570頁.

第5章

*斎藤成也（2000）類人猿ゲノム計画. 霊長類研究, 16巻2号, 169-175頁.
*斎藤成也（2001）霊長類ゲノムの比較解析. 蛋白質核酸酵素, 46巻16号, 2481-2485頁.
*斎藤成也（2001）ヒトにいたるゲノム進化. 榊佳之・小原雄治編『ゲノムから個体へ』180-192頁. 中山書店.
*斎藤成也（2002）ヒトと類人猿の違いをゲノムから探る. 日経サイエンス, 1月号, 36-43頁.
*斎藤成也（2002）第3章：ヒトゲノムと類人猿ゲノムの比較から人間の独自性を探る. 長谷川真理子編著『ヒト, この不思議な生き物はどこから来たのか』201-221頁, ウェッジ選書.
*斎藤成也（2002）『にんげん進化考』1-15. 日本経済新聞, 4月7日-7月14日の毎日曜日連載.
Chou H. H., Hayakawa T., Diaz S., Krings M., Indriati E., Leakey M., Paabo S., Satta Y., Takahata N., and Varki A. (2002) Inactivation of CMP-N-acetylneuraminic acid hydroxylase occurred prior to brain expansion during human evolution. *Proceedings of National Academy of Sciences USA*, Vol. 99, pp. 11736-11741.
Hayakawa T., Satta Y., Gagneux P., Varki A., and Takahata N. (2001) Alu-mediated inactivation of the human CMP- N-acetylneuraminic acid hydroxylase gene. *Proceedings of National Academy of Sciences USA*, Vol. 98, pp. 11399-11404.
Kim C.-G., Fujiyama A., and Saitou N. (2003) Construction of a gorilla fosmid library and its PCR screening system. *Genomics*, Vol. 82, pp. 571-574.
Kitano T., Noda R., Sumiyama K., Ferrell R. E., and Saitou N. (2000) Gene diversity of chimpanzee ABO blood group genes elucidated from intron 6 sequences. *Journal of Heredity*, Vol. 91, No. 3, pp. 211-214.
Noda R., Kim C.-G., Takenaka O., Ferrell R. E., Tanoue T., Hayasaka I., Ueda S., Ishida T., and Saitou N.（2001）Mitochondrial 16S rRNA sequence diversity of hominoids. *Journal of Heredity*, Vol. 92, pp. 490-496.

第6章

*斎藤成也（2001）ヒトと類人猿のゲノム比較から人間の独自性を探る.「特集：ゲノム研究から見た21世紀の生命科学」細胞工学, 20巻1号, 65-69頁.

本書の図表作成に用いた資料

以下の文献や資料は、あくまでも参考にしたものであり、本書の図はそれらをもとに新たに描いたという意味では、すべてオリジナルである。＊が先頭についている図は、安富佐織さんが描いたものである。

*図1・1　日本臨床, 61巻11号, 1968頁（2003).

*図1・2　本書のオリジナル。

*図2・1　田村隆明・山本雅編（2003)『分子生物学イラストレイテッド』改訂第2版。

*図2・2　斎藤成也（1997)『遺伝子は35億年の夢を見る』大和書房.

*図2・3　国立遺伝学研究所, 日本DNAデータバンク（DDBJ）のホームページ (http://www.ddbj.nig.ac.jp)。

*図2・4　斎藤成也（1997)『遺伝子は35億年の夢を見る』大和書房.

図2・5　本書のオリジナル。

*図3・1　本書のオリジナル。

*図3・2　Carroll ら著, 上野直人・野地澄晴監訳（2003)『DNAから解き明かされる形づくりと進化の不思議』羊土社.

*図3・3　本書のオリジナル。

*図3・4　斎藤成也（1997)『遺伝子は35億年の夢を見る』大和書房.

図3・5　Sawada H., Suzuki F., Matsuda I, and Saitou N. (1999) Phylogenetic analysis of Pseudomonas syringe pathovar suggests the horizontal gene transfer of argK and the evolutionary stability of hrp gene cluster. *Journal of Molecular Evolution*, Vol. 49, No. 5, pp. 627-644.

*図3・6　近藤るみ（1992）Evolution and phylogeny of hominoids inferred from mitochondrial DNA sequences. 博士論文, 総合研究大学院大学生命科学研究科遺伝学専攻。

*図3・7　国立遺伝学研究所, 遺伝学電子博物館（http://www.nig.ac.jp/museum/msg.html).

*図3・8　岡田節人編（1990)『岩波講座・分子生物科学8　個体の生涯Ⅰ』岩波書店.

*図3・9　斎藤成也（1997)『遺伝子は35億年の夢を見る』大和書房.

図3・10　斎藤成也（1997)『遺伝子は35億年の夢を見る』大和書房.

*図3・11　Alberts ら著, 中村圭子ら監訳（1995)『細胞の分子生物学』教育社.

図3・12　Ensembl データベース（http://www.ensembl.org/).

図３・13　Ingman M, Kaessmann H, Paabo S, and Gyllensten U. (2000) Mitochondrial genome variation and the origin of modern humans. *Nature*, Vol. 408, pp. 708-713.

図３・14　Underhill P.A. and others (2000) Y chromosome sequence variation and the history of human populations. *Nature Genetics*, Vol. 26, pp. 358-361.

図３・15　斎藤成也（1997）『遺伝子は35億年の夢を見る』大和書房.

*図４・１　本書のオリジナル。

*図４・２　本書のオリジナル。

*図４・３　本書のオリジナル。

図４・４　Kitano T. and Saitou N. (1999) Evolution of Rh blood group genes have experienced gene conversions and positive selection. *Journal of Molecular Evolution*, Vol. 49, No. 5, pp. 615-626.

図４・５　Kitano T. and Saitou N. (2000) Evolutionary history of the Rh blood group-related genes in vertebrates. *Immunogenetics*, Vol. 51, No. 7, pp. 856-862.

*図４・６　本書のオリジナル。

*図４・７　本書のオリジナル。

*図４・８　Tomita H., Yamada K., Ghadami M., Ogura T., Yanai Y., Nakatomi K., Sadamatsu M., Masui A., Kato N., and Niikawa N. (2002) Mapping of the wet/dry earwax locus to the pericentromeric region of chromosome 16. *Lancet*, Vol. 359, pp. 2000-2002.

*図４・９　田村隆明・山本雅編（2003）『分子生物学イラストレイテッド』改訂第２版。

図４・10, 図４・11　Oota S. and Saitou N. (1999) Phylogenetic relationship of muscle tissues deduced from superimposition of gene trees. *Molecular Biology and Evolution*, Vol. 16, No. 6, pp. 856-867.

*図５・１　斎藤成也（1997）『遺伝子は35億年の夢を見る』大和書房.

図５・２　斎藤成也（2002）ヒトと類人猿の違いをゲノムから探る. 日経サイエンス, １月号, 36-43頁。

*図５・３　本書のオリジナル。

図５・４　Saitou N. (2004) Evolution of hominoids and the search for a genetic basis for creating humanness. *Cytogenetic and Genome Research* (in press).

図５・５　Noda R., Kitano T., Takenaka O., and Saitou N. (2000) Evolution of the ABO blood group gene in Japanese macaque. *Genes and Genetic Systems*, Vol. 75, No. 3, pp. 141-147.

*図５・６　鈴木明身（2002）Sialic Acid and Human Evolution. Glycoform (http://www.glycoforum.gr.jp/science/glycogenes/06/06E.html).

*図５・７　Enard W., Przeworski M., Fisher S. E., Lai C. S., Wiebe V., Kitano T., Monaco A. P., and Paabo S. (2002) Molecular evolution of FOXP2, a gene involved

in speech and language. *Nature*, Vol. 418, pp. 869-872.

図5・8, 図5・9　シルヴァー計画の website (http://sayer.lab.nig.ac.jp/~silver/).

図5・10, 図5・11　金衡坤, 北野誉, 斎藤成也ら（2004）未発表データ。

*図5・12　本書のオリジナル。

表2・1　根井正利著, 五條堀孝・斎藤成也共訳（1990）『分子進化遺伝学』培風館.

表2・2　本書のオリジナル。

表4・1　Kitano T., Sumiyama K., Shiroishi T., and Saitou N. (1998) Conserved evolution of the Rh50 gene compared to its homologous Rh blood group gene. *Biochemical and Biophysical Research Communications*, Vol. 249, No. 1, pp. 78-85.

表5・1　斎藤成也（2000）類人猿ゲノム計画 Silver.「特集：人類の起源と進化をDNAレベルで探る」蛋白質核酸酵素, 45巻16号, 2604-2611頁。

写真5・1　本書のオリジナル（斎藤成也撮影).

写真5・2　本書のオリジナル（ボノボとオランウータンは斎藤成也撮影, チンパンジーは嶋田誠撮影).

著者略歴

斎藤成也（さいとうなるや）

1957年，福井県生まれ。1979年東京大学理学部生物学科人類学課程を卒業後，同大学大学院で理学修士を取得。1982年～1986年にテキサス大学ヒューストン校へ留学し，Ph.D.を取得。帰国後，日本学術振興会特別研究員，東京大学理学部生物学科助手を経て，1991年国立遺伝学研究所に進化遺伝研究部門助教授として赴任。日本DNAデータバンク（DDBJ）の運営にも参加する。2002年から同研究所集団遺伝研究部門教授（現職）。総合研究大学院大学生命科学研究科遺伝学専攻の教授も兼ねる。人類進化を中心とする遺伝子とゲノムの進化を研究している。2004年，第12回木原記念財団学術賞受賞。

著書に，『遺伝子は35億年の夢を見る』（大和書房），『ゲノムから個体へ』（中山書店，共著），『モンゴロイドの地球第1巻』（東京大学出版会，共著），『日本人はるかな旅 第1巻』（NHK出版，共著）などがある。

新曜社 ワードマップ

ゲノムと進化

ゲノムから立ち昇る生命

初版第1刷発行 2004年9月10日©

著 者 斎藤成也

発行者 堀江 洪

発行所 株式会社 新曜社

〒101-0051 東京都千代田区神田神保町2-10

電話（03）3264-4973（代）FAX（03）3239-2958

e-mail info@shin-yo-sha.co.jp

URL http://www.shin-yo-sha.co.jp/

印刷 光明社 Printed in Japan

製本 光明社

ISBN4-7885-0912-1 C1045